航空类专业职业教育系列"十三五"规划教材

HANGKONG DIMIAN SHEBEI GOUZAO YU WEIXIU (HUO YUN LEI)

航空地面设备构造与维修（货运类）

主　编　白建坤　林小凤
副主编　雷曙光　杨　林

西北工业大学出版社

西安

【内容简介】 本书分为4章，主要介绍了升降平台车、行李拖头车、行李传送车和叉车等设备的基本构造、工作原理和维修保养等内容。本书图文并茂，内容简洁明了，实用性强，对读者掌握航空地面货运类设备的基本构造、工作原理及维修保养等内容具有一定的指导作用。

本书可作为高等学校航空地面设备维修专业学生的教材，也可供机场特种车辆维修与操作人员参考。

图书在版编目（CIP）数据

航空地面设备构造与维修：货运类/白建坤，林小凤主编. —西安：西北工业大学出版社，2018.5
ISBN 978 - 7 - 5612 - 5994 - 8

Ⅰ.①航… Ⅱ.①白… ②林… Ⅲ.①航空设备—地面设备—构造②航空设备—地面设备—维修 Ⅳ.①V24

中国版本图书馆 CIP 数据核字(2018)第 106577 号

策划编辑：华一瑾
责任编辑：华一瑾

出版发行：西北工业大学出版社
通信地址：西安市友谊西路 127 号　　邮编：710072
电　话：(029)88493844　88491757
网　址：www.nwpup.com
印　刷　者：陕西向阳印务有限公司
开　本：787 mm×1 092 mm　　1/16
印　张：12.625
字　数：304 千字
版　次：2018 年 5 月第 1 版　2018 年 5 月第 1 次印刷
定　价：39.00 元

前　言

随着我国民用航空业的快速发展,飞机的数量在不断地增加。为了确保飞机的正常运营,除了做好飞机本身技术保障工作以外,还要在很大程度上依赖于航空地面设备的技术支持和地面服务保障。一架飞机在空中飞行的时间与其在地面停留的时间相比是有限的,飞机大部分时间是在地面做技术保障和维护工作。当飞机在机场地面停留时,需要很多机场地面设备为其提供技术支持和地面服务。提供技术支持和地面服务保障的设备种类很多,但其中数量最多、最主要的还是地面特种车辆,例如,为飞机加注燃油的飞机加油车,提供地面电源的飞机电源车,装卸旅客货物的升降平台车、添加饮用水的飞机清水车以及提供航空食品的飞机食品车等等。

机场内为飞机提供地面服务保障的特种车辆(Special Vehicle of Airport),是特指在机场规定的区域内为航空器场道和运输提供服务所需的专用勤务保障车辆。航空地面设备(车辆)根据使用目的范围的不同,分为机务保障类、旅客服务类、货物运输类和飞机加油车四类。目前国内关于航空地面设备(车辆)维修方面的教材比较少,因此广州民航职业技术学院组织编写了航空地面设备构造与维修旅客服务类、货运类、机务类和飞机加油车四种教材,并纳入西北工业大学出版社航空类专业职业教育系列"十三五"规划教材。本书为航空地面设备构造与维修的货运类分册,货运类车辆主要包括升降平台车、行李拖头车、行李传送车和叉车四类,本书主要讲述这四种货运类车辆的基本构造、工作原理和维修保养等内容。

本书图文并茂、内容简洁、实用性强,全书由白建坤负责统稿工作,共分为4章,其中第1章由白建坤编写,第2章由杨林编写,第3章雷曙光编写,第4章由林小凤编写。本书对读者掌握航空地面设备(货运类)的基本构造、工作原理及维修保养等内容具有一定的指导作用,既可作为高等学校航空地面设备维修专业学生的教材,也可供机场特种车辆维修与操作人员参考。

在此对教材编写过程中提出宝贵意见的行业专家表示感谢,特别感谢中国南方航空地面服务有限公司的林举庆先生、成都双流机场赵昌盛先生、河北石家庄机场李晨旭先生、中国邮政航空何丛先生,在教材编写过程中提供的帮助和大力支持。编写本书曾参阅了相关文献资料,在此向其作者一并表示谢意。

由于水平有限,书中难免存在错误和不足,敬请各位专家和读者批评和指正。

编　者

2018 年 2 月

目　录

第1章　升降平台车

1.1　升降平台车概述

升降平台车(见图1-1)是用来向航空器上装卸标准航空集装箱/板的自行式车辆,是航空货物运输装卸作业必备的地面服务特种设备。升降平台车可通过改变平台高度,实现平台与飞机舱门的对接,其好处是可以直接实现货物的水平传送,使飞机上货物的装卸变得比较方便。

升降平台车是一种集机械、电气、液压为一体的机场货物装卸设备,按整体结构可分为单平台车和前后双平台车;按装卸重量分有6.8 t,13.6 t,27 t,30 t等型号。

图1-1　升降平台车

升降平台车主要包含车辆型号、车辆外形尺寸、行驶速度、制动距离、最高举升高度、举升重量、桥平台提升速度、主平台提升速度及货物传送速度等技术参数内容。

升降平台车的总体特性要求如下。

(1)平台车有一般有数十个执行器,其动作由液压系统完成,执行器所需流量约为5～150 L·min^{-1},变化范围较大。

(2)低速行驶要求平稳无冲击,制动可靠,行驶速度一般为三档。

(3)在行驶状态和停车状态,要求转向系统操作灵活省力。

(4)稳定支腿操作可靠,且在发生故障时可手动将支腿收起。

(5)平台传送系统速度平稳。

(6)主平台升降系统应快速平稳。

(7)使用环境恶劣,液压系统露天使用,风尘较大,环境温度在-30~50℃,连续运行时,应保证热平衡温度不超过75℃。

(8)主动力系统出现故障时,需要辅助电动能源系统提供能源,手动操作电磁阀。

(9)系统应具有良好的可维修性,维修人员可以方便地接近维修部位。

不同型号的平台车,其主要性能指标不同,以装卸重量6.8 t的平台车为例,介绍其主要的性能指标。

(1)提升重量:6.8 t。

(2)主平台提升速度(高速):10.2 m·min^{-1}。

(3)桥平台提升速度:6 m·min^{-1}。

(4)平台传送速度:18 m·min^{-1}。

(5)最高行驶速度:11 m·min^{-1}。

1.2　升降平台车的组成及功用

升降平台车由动力装置、底盘、桥平台、主平台、控制台、液压系统、电气系统及安全装置等组成,如图1-2所示。

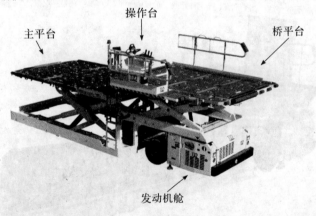

图1-2　升降平台车的组成

1.2.1　动力装置

升降平台车的主要动力源的是柴油机和电动力装置。平台车大多利用柴油发动机为液压泵提供车辆所需的驱动力、转向动力、主平台和桥平台的举升力,及所有货物操作系统。平台车的动力装置位于装载机的前部,通过铰链连接在装载机右侧,装载机左侧安装有一个单独的固定螺栓,通过拆卸该螺栓可将动力装置模块旋转出来,以便在维护时方便完全接近各部件,动力装置的控制面板位于其右侧,上面有用来在地面启动及操作动力装置的控制及指示器。

1.2.2　底盘

底盘为钢架结构,其他所有组件都安装在底盘上,前方两个可转向的驱动轮支撑底盘,底盘后部由两套负重轮支撑,每套负重轮上由两个轮子组成,驱动轮通过两套行星齿轮组液压驱动底盘。转向轮配有液压高度调节,刹车和转向也是液压驱动。当运输货物时,底盘由八个液压控制的稳定器支撑,从而为货物运输提供一个平稳的操作平台。

1.2.3　桥平台(装卸桥)

桥平台由交叉杠杆装置升降,并由两个液压油缸驱动。货物的运动由一套专门系统完成,无需人工调节货物位置。该输送系统由滚轮组件和滚柱组成,滚柱组件为输送货物提供驱动力。每个组合件含一个毂,该毂支撑着 6 个与毂心成一个角度的桶形滚柱。

滚轮组件旋转方向由操作员通过控制板上安装的开关或者手柄控制。动力由液压马达驱动的轴提供。在某些情况下,几个轴由一台马达通过链齿轮和滚子链条同时驱动。

当货物向前或向后输送时,所有的滚轮组件向同一方向旋转。当向两侧都运动时,一些滚柱组合件向一个方向驱动,而其他的向相反的方向驱动。旋转方向的多种组合可使操作员直接控制货物位置而不需人工进行转换。

装卸桥上的两个导轨液压可调,当货物输送到飞机上时可从侧面为货物调准位置。装卸桥的前方可配备三个折叠翼,这样装载机可以从有不同的宽度的门的飞机运出或送入货物。三个折叠翼只有当装载机具备"宽度选项"时才可使用,由液压驱动升降。单翼型号为标准形式,单翼型号可由液压升降,或配备机械插销来固定水平位置,除非需人工降低。

一个装载止动器置于装卸桥的后部。除非平台和装卸桥位置在同一水平时,它通常都处于伸展(向上)位置。该止动器为机械式操作,除非在平台处于可接受货物的位置时,它可自动防止货物移出装卸桥。当货物被送入或移出装卸桥时,装卸桥前部的一个动力驱动的滚柱支撑并运送货物。在装卸桥的左侧安装有一个带铰链的折叠栏杆。一个双交叉杠杆可将最大提升高度增加到 5.6 m,这也是往返输送操作时的主平台装载能力。

装卸桥可配备可选机型的飞机跟踪感应器,可在输送货物时根据飞机的高度自动调节装卸桥的高度,感应滚轮组件只在这一点与飞机接触。如不需要,此自动功能也可不使用,操作员可人工改变装卸桥的高度。

在进入或离开装载机前,装卸桥一定要在完全回落位置,装载机必须停好。不遵循这些规程及正确的维护程序将导致严重的财产损失或人员伤亡。

1.2.4　主平台

主平台由一个交叉杠杆装置控制升降,它由 3 个液压油缸提供动力,通过液压油缸与 4 个提升链条相连来控制平台定位。

根据平台配置情况,可应用不同的滚柱和 HeliRoll 滚轮组件的组合。液压驱动的止动器可防止货物意外滑落。该止动器可以自动或人工操作。当平台不在装卸位置时接近开关为人工操作模式,起防护作用。在货物从平台运入或运出时,装卸桥上的接近开关必须能感应到平台的正确位置。平台有两种配置。针对一种特定平台,滚轮的型号,可移动止动器的数量以及其他零部件都不同。下面对每种配置进行介绍。所有的配置都可允许操作员在平台上侧移和旋转集装箱。

某些型号的升降平台车具有前止动器,平台非人员提升或运载工具在装载机运动时,严禁人员停留在平台上,不遵循这些规程及正确的维护程序,将会导致严重的财产损失、人员伤害或死亡。

1.2.5 控制台(操作舱)

控制台包括所有对驱动装载机和输送货物的控制。立式设计提供了最大视野,同时可安全、方便、舒适地实现对装载机和飞机的控制。通过人工或液压实现对操作舱的向前或向后调节,操作员可在输送货物时实现对飞机的控制。

用来驱动装载机和定位货物的控制及指示器位于操作舱的两个面板上,指示器安装在驾驶员面板上,以便监控装载机的操作,对推进速度及方向的控制也包括在内。在操作员面板上,还包括一些开关,这些开关用来升降装卸桥及平台,从而定位及输送货物,也用来操作侧面及后面的止动器。

应急泵开关位于舱中驾驶员的控制台。当引擎出现故障不能提供液压油制动力时,使用该开关,这样平台及装卸桥可被降下,并升起稳定器。该泵一次不能运转超过 60 s,在使用周期之间至少要有 5 min 的冷却时间。操作舱中还包括油门踏板,能成比例地控制装载机的速度,成比例控制功能可以实现对装载机的精确定位,当接近飞机时有缓进能力,一个踏板驱动液压刹车。栏杆与平台为一体,在装载机操作期间为操作员提供安全。

在进入或离开装载机前,装卸桥一定要在完全回落位置,装载机必须停好。使用置于操作舱后边的梯子进出装卸机。不遵循这些规程及正确的维护程序将导致严重的财产损失、人员伤害或死亡。

1.2.6 液压系统

平台车使用一套闭心式负载感应液压系统。它提供的液压动力将用来输送货物,升降装卸桥和平台,比例式推进、转向、刹车,以及用来确保各种不同安全操纵货物的导轨操作。液压系统还有一个动态刹车功能,可在操作员松开加速器时使平台车平稳减速。

轴向活塞泵由动力装置直接驱动,电磁阀将流体控制在合适的压力下以操作装载机的各个部件。止回阀在系统未保持正确液压时,防止承载的液压油缸缩回,当动力装置或主液压泵出现故障时,操作员可使用一台电驱动的应急泵执行应急措施。

1.2.7 电气系统

平台车使用 24 V 汽车电气系统来为引擎启动器和点火控制、液压阀、灯、信号以及其他部件提供电力。柴油机驱动的平台车使用两个大容量 12 V 汽车电池串联,从而提供 24 V 直流电源。一台引擎驱动的交流发电机为电池持续充电并保持系统负载所需。

电气控制系统为一套普通继电器和 PLC 控制器的组合,各个逻辑控制功能尽可能的由PLC 实现,当转换到高强度电流时使用继电器。单独的电流保护由车用刀刃式保险丝实现,某些高强度电流的保护由人工设置的电流断路器或车用大保险丝完成。操作员的控制包括一系列密封式摇杆开关及操纵杆,它们安装在控制面板上,易于操纵、有光照明,而且有永久标记。

任何对汽车电气系统及电路有基础知识的人员都可进行系统的故障检查。易于理解的阶梯式逻辑电路图、详细的维护手册及方便的测试点极大的简化了排除故障的过程。另外,一个安放在主电气箱的显示模块会提供完全的系统状态信息,指示当前操作员输入的信号及控制输出信号。维修技术人员也能使用显示模块来人工地进行输入和输出,以实施更高效的排除故障措施。

1.2.8 安全装置

每个平台都提供两套安全支撑装置,桥平台和主平台,可以在平台升起一定高度时进行维护使用。在地面人员操作高度处电器箱前方和桥平台上的驾驶员操作控制台均装有一个紧急停车按钮,如有紧急情况,即可切断平台车上的所有电源。当两个紧急按钮中任何一个按钮被按下后,发动机将无法启动,平台车也不能进行任何装卸操作。

通过切断燃油箱上的手动燃油球阀可以有效阻止事故中的烟火。

当行驶选择开关选在前进档或是倒档时,连锁装置会使发动机的启动马达无法转动。只有当行驶选择开关在空挡位置(N)时才能启动发动机。

两只支撑脚均装有联锁装置,装卸模式撑脚未完全放妥时,将无法装卸货物。撑脚虽已放妥,但行驶选择开关没有放置在空挡位置时,连锁装置仍会阻止装卸操作。当已进入装卸模式,撑脚已放好,此时若要将行驶选择开关扳到前进档或是倒档,连锁装置会阻止进档动作。只有在主平台完全降到底,撑脚已全部收好后,安全联锁控制系统才允许车辆进入行驶模式。所有操作货物装卸的控制杆放手后即回复到中间位置,此设计可防止任何一个平台上的货物被不经意的移动。

全部操作货物装卸的控制杆均按照工效学进行排列,以防止任何意外操作。全部操作货物装卸的控制杆可采用轻触即动式,该设计是为避免因操作次数过多或操作过重而造成损坏。当车辆进入装卸模式撑脚已放妥时,倒车灯自动点亮为工作区域提供照明。在车辆进行倒车时,倒车灯会自动亮起,并且倒车警告喇叭会响。当主平台升、降时,警告喇叭也会自动响起,转向灯与危险警告闪光灯作为平台车的标准配备。桥平台上的扶手可向前拉出,以减小平台车与飞机间的间隙。当主平台升高到 75 cm 时,既使挡板开关仍在放下位置,边挡板及后挡板也会自动升起。可安装一组连锁装置使后主平台上升至一定高度时,按客户要求设定,如 150 cm,其上的侧挡板及后挡板不能降下。当主平台未上升至与桥平台同高时,主平台上的前挡板自动保持升起。在主平台升降运动中此动作可防止货物被不经意传送而从主平台前方滑落。

1.3 升降平台车的工作原理

当前所使用的各种类型的升降平台车,主要是依靠液压系统来实现平台的升降以及货物的水平传送。当通过平台车向飞机装货物时,首先把平台车降到最低点,把货物从集装箱平板车上装到主平台上,当货物未在正确位置时,主平车通过控制不同位置的液压马达驱动万向轮旋转来完成货物在主平台上转动,以便实现货物的正确定位,再通过液压马达带动链条驱动主平台上的滚轮,钢滚轮或橡胶滚轮,以便实现输送货物到桥平台上。然后由发动机驱动液压泵液压马达,通过支撑臂进行升降前平台桥平台及后平台主平台,它是由一个或多个液压缸来完成平台的升降的。最后通过桥平台把货物输送至飞机货舱。反之,当从飞机上卸货时,首先将货物由飞机货舱输送到平台车的桥平台,然后再输送至后平台上,然后通过液压缸控制支撑臂降下平台后,将货物传送到集装箱平板车上。

升降平台车的行走由一个闭式的液压系统来完成。该系统由发动机驱动液压泵、驱动液压马达使行走轮运动。前平台桥平台及后平台主平台是通过剪式支撑臂进行升降的,它是由一个或多个液压缸带动连接的升降链条完成平台的升降。当平台未在正确位置时,接近开关可阻止人工进行装卸货物。平台上的液压马达带动链条驱动平台上的滚轮,钢滚轮或橡胶滚轮,以便完成集装单元的输送。平台车的各个支撑脚由液压油缸来完成其动作,平台的侧挡板也有单作用油缸来实现其伸缩。集装单元在主平台上的转动,是通过控制不同位置的液压马达旋转来完成的。货物集装单元先放在主平台上,经过调整其位置后,将其传送到前平台上,然后由前平台将货物送至飞机货舱。反之,飞机货舱内的货物集装单元由飞机货舱输送至平台车的前平台上,然后再输送至后平台上,降下后平台将货物传送到集装箱平板车上。

1.3.1　平台车液压系统的工作原理

液压系统设计分析液压系统采用开式、负载传感系统,主要有液压源、行走驱动回路、平台传送回路、主平台升降回路、支腿回路及转向回路等。

1.液压源

液压源采用变量泵,例如:德国力士乐公司 A10V071 变量泵,液压源动力为柴油发动机,最大输出功率51 kW,由于执行器所需流量相差较大,为充分节省能源,减少发热,发动机输出转速有两个速度,分别为 $1\,000\ r\cdot min^{-1}$ 和 $2\,200\ r\cdot min^{-1}$,为确保在主能源不能工作的情况下,平台车可以离开作业现场,设计了一个紧急备用液压源,该液压源由直流电机作为动力,输出流量 $8\ L\cdot min^{-1}$,最高输出压力 16 MPa,最大输出功率 2.2 kW。

2.行走驱动回路

行驶系统有3档行驶速度:$0\sim2\ km\cdot h^{-1}$,$0\sim5.5\ km\cdot h^{-1}$ 和 $0\sim11\ km\cdot h^{-1}$。在每一速度档内都可实现无级变速。如图1-3所示,驱动回路由比例方向阀和具有2个排量的液压马达组成。比例方向阀控制系统流量,确保行驶速度的平稳性。平台车起动加速和爬坡时,用液压马达的大排量,保证系统有较大的转矩输出;高速时,用液压马达的小排量,以保证平台车的最高行驶速度。

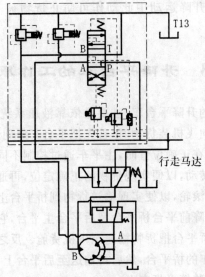

图 1-3　行走驱动回路

3．平台传送回路

液压马达带动平台上的滚轮转动，以传送集装箱/板，几组滚轮不同方向转动的组合，实现集装箱/板在平台上前、后、左、右移动及顺时针、逆时针转动。

为确保平台上左、右传送速度相同，传送系统采用串联形式，马达进、回油口装有交叉溢流阀，马达停位准确，如图 1-4 所示。

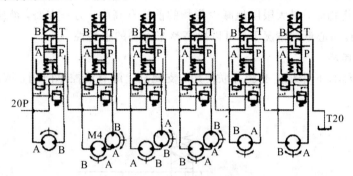

图 1-4　平台传送回路

4．主平台升降回路

主平台运动周期：快升—慢升—停—快降—慢降—停。在工作过程中，要求主平台运动速度快，且与桥平台对接准确。如图 1-5 所示，快速、慢速的转换是靠两组并联使用的阀实现的。

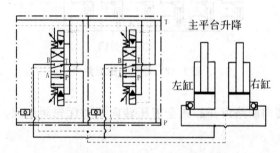

图 1-5　主平台升降回路

通过图 1-6 分析可以得到，影响叉剪式平台车主平台的动力学性能参数主要有以下几种。

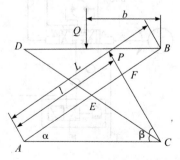

图 1-6　主平台结构简图

（1）主平台在上升过程中的加速度 a。它是随时间及升降高度的变化而变化。理想条件下，要保证主平台在上升过程中的加速度越小越好，这样在上升过程中，叉剪式平台车叉剪臂所受的动载荷就小。

（2）液压缸所受力的大小。液压缸在主平台上升过程中所受的力也是变化的。同样在理想条件下，液压缸所受的力在升降过程中是越小越好，这样可以减小液压缸的负载，延长液压缸的使用寿命。

（3）液压缸安装位置。该型叉剪式平台车主平台在初始位置液压缸是水平的。这样一方面可以保证在装货物时，最大限度地减少货物的前提升高度；另一方面，液压缸、轮子机构等处于最低位置，在重心低的情况下，可以提高整车运动的平稳性。

5.稳定支腿回路

如图1-7所示，6个稳定支腿并联使用，支腿缸上配有液控单向阀，该液控单向阀可以手动释放。

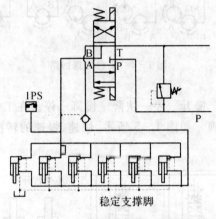

图1-7 稳定支腿回路

6.转向回路

如图1-8所示，转向回路由开心式全液压转向器和优先阀组成。优先阀的使用可使转向操作轻松灵活。

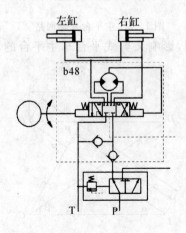

图1-8 转向回路

1.3.2　平台车液压系统设计特点

液压系统为整个平台车的动力源,为其行走和货物的装卸提供动力。在空载条件下,液压泵空载卸荷。安全阀可调整控制系统的压力、流量阀控制流量、单向阀防止在系统失压的情况下平台降落或支撑脚回收。控制阀互锁可避免行走系统和装卸系统同时工作。

平台车的行车包括液压马达、双速齿轮箱和转向系统。通过改变液压马达排量的大小来控制平台车的行走速度。加速踏板可用来控制货运平台车的加速和减速,当踏板松开时,平台车自动停止。平台车运动根据作业要求,其行走可分为快、慢及爬行三种形式。

平台车的转向采用动力转向型式。由液压部分和机械部分组成,通过转动转向器来控制转向油缸,进而实现平台车的转向。当制动踏板松开时,平台车自动停止,同时也可脚踩刹车踏板,通过制动阀在高压油下推动刹车片将驱动轮刹住。

平台车液压系统设计主要有以下特点。

(1)结构紧凑,管路简单,节省大量接管和管接头,可靠性高。

(2)节省能量,减少系统发热,液压源输出压力和流量与执行器所需压力和流量相匹配,系统能量损失保持最小。在零位,流量小且处于最低压力,因而泵寿命长。

(3)液压元件在平台车上分布位置合理,维修方便。在维修时,维修人员可以方便地接近每一个元件,在处理紧急状态时,每一电磁换向阀都有手动换向机构。

(4)在系统中装有液位传感器、压力传感器、温度传感器。将这些传感器发出的信号引到操作台上,操作人员可随时监视液压系统的状态。

1.4　平台车的货物传输

1.4.1　桥平台货物传输

平台车的前、后平台表面从头到尾有 3 条平顶货物传送履带,此 3 条传送履带可将货物前后直线传送。由于设计优良,平顶货物传送履带有极佳的牵引力,使货物离开机舱后仍可顺利传送移动。桥平台/主平台之间装有货物挡板,当主平台升至与桥平台同一高度时,货物挡板便会自动降下,以便于货物通过。当主平台接近桥平台时会自动减速,当到达同一高度时自动停止装置使其停止上升。平台上均有 3 条平顶传送履带,并装有液压马达驱动的万向轮来对货物进行侧向移动。升降平台车的桥平台的前端装有动力滚筒与平顶传送履带同时工作(见图 1 - 9)。

前靠机翼板可向下收起,是专门为接靠不同宽度的机舱门而设计,TLD929 与 929S 型号上的三组靠机翼板均为动力操作。桥平台左侧的扶手可折叠放下,便于需要时打开某些飞机的货舱门。扶手也可向前延伸以缩小平台车与飞机间的间隙。右侧过道可向前延伸,以缩小升降平台车与飞机间的距离,此项也可选装动力操作。驾驶控制台也可向前移动,以便某些不易接触的飞机货物的传送控制,同时驾驶操作控制台以可选装动力操作。

桥平台的左前角可升高或降低用以调整平台的倾斜,此项操作在于补偿飞机装载时所造成的俯仰变化。桥平台倾斜调整在所有平台车的型号中均为标准配置。

桥平台上的边挡板由动力操作调节,以便于货物的侧向调整。边挡板一般保持在升起的位置,如有需要都可以人工将其拆下或是收起放置于下方。

前动力滚筒

图 1 - 9　桥平台货物传送

1.4.2　主平台货物传输

如图 1 - 10 所示,主平台的前、后部各安装有 3 条平顶传送履带,进行前后纵向传送货物,前、后段均可独立分开操作。主平台前、后段均可侧向装卸,并在主平台后段可选装的旋转集装箱及在后平台中心可旋转货盘,此功能称为双旋转。

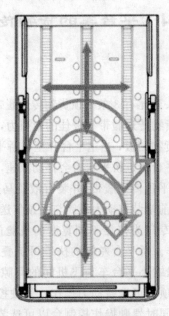

图 1 - 10　双旋转平台

主平台上的侧挡板是由动力操作将其升起或是降下。主平台后侧装有货物后挡板。边挡板和后挡板均可独立升起或降下。出于安全考虑,无论挡板控制开关设置在何处,当主平台上升至 75 cm（30 in①）后,侧挡板和后挡板均会自动升起。传送货物时,主平台周围的动力滚筒会朝货物传送的方向同时滚动。

1.5　平台车的操作

1.5.1　安全顶杆的操作

主平台安全顶杆:顶杆位于蚱蜢臂升举机构后方。升起主平台,遵循正确的升举步骤小心支起(↑)两边的顶杆。确保顶杆顶端的拱起物套在主平台上半圆形的套环内,略降主平台使顶杆顶住升举机构。若要将安全顶杆放下时(↓),将主平台略升起以使顶杆可落入收下的位置。在顶杆落下时,切勿将手伸入其中,如图 1-11 所示。

撑起顶杆

确保顶杆顶端的拱起物套在主平台上半圆形的套环内

图 1-11　主平台安全升降顶杆

桥平台安全顶杆:安全顶杆的把手位于前轮的后上方。将桥平台升起使剪刀滚轮位于顶杆前方(在导轨中)。用把手支起(↑)安全顶杆。将桥平台放下使滚轮架在顶杆上,并关掉引擎。如要收下顶杆(↓),将桥平台稍稍升起(↑)后将把手向下(↓)拉。不允许在桥平台降下时支起(↑)安全顶杆,剪刀滚轮位于顶杆后方,如图 1-12 所示。

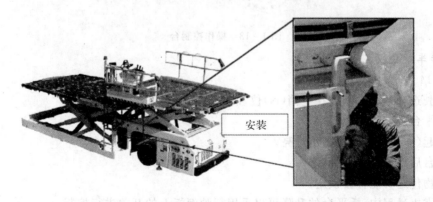

安装

图 1-12　桥平台安全顶杆

---

① 　1 in＝2.54 cm。

1.5.2 紧急停止按钮

紧急停止按钮位于操作台的控制面板上及配电箱前。如果发现平台不能正常工作，第一个动作就是立即按下紧急停止按钮。在故障未排除前，切勿重新启动引擎，将平台车脱离飞机。

在操作平台车之前，必须确知紧急停止按钮的位置。在平台下方进行维修工作前，先按下一个紧急停止按钮作为安全预防，避免其他人员不知情而启动平台车。在启动引擎前，必须将两个紧急停止按钮拉出。

如果平台无法正常工作，平台车配备有紧急电动泵用来降下（↓）平台，卸下货物并收起（↑）撑脚。如果有液压油缸漏油或油管破裂，就不可使用紧急电动泵。

1.5.3 行驶及装卸模式

平台车有两种操作模式：行驶模式（撑脚收起↑）和装卸模式（撑脚放下↓）。操作控制台有两面（见图1－13）。在行驶面板这一侧，行驶时操作员面向方向盘，朝向车辆前方。装卸面板在另一侧，操纵平台升降及货物传送。

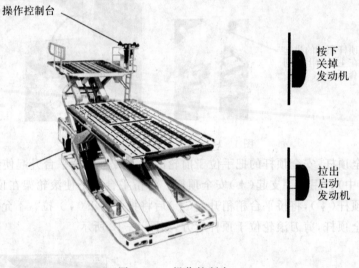

图1－13　操作控制台

1. 平台车行驶模式

图1－14为平台车行驶模式。

（1）行驶选择开关必须放在空档（N）位置。

（2）主平台必须降到底（↓）。

（3）收起（↑）撑脚，绿色指示灯亮。

（4）平台后部会自动上升（↑）。

（5）货物传送功能将会锁定。

（6）在靠机过程中，桥平台的升降可以采用行驶面板上的开关进行控制。

（7）桥平台升起（↑）相当于自动进入"缓行模式"（速度减低/液体静力刹车效力增大）。

（8）若车辆装配有驾驶台延伸与行驶驱动联锁选项，确保驾驶台完全缩回来解除驱动锁定（前进）。平台车并不是为两地运送货物设计的，除了在飞机舱门处传送货物外，请不要进行负载货物行驶等操作。

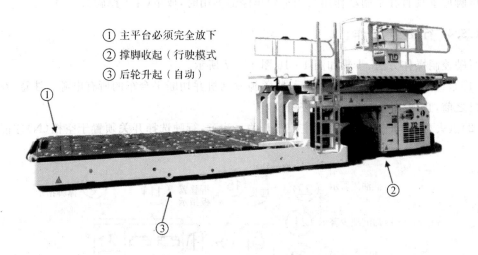

① 主平台必须完全放下
② 撑脚收起（行驶模式）
③ 后轮升起（自动）

图 1-14　平台车行驶模式

2. 平台车装卸模式

图 1-15 为平台车装卸模式。

图 1-15　平台车装卸模式

（1）行驶选择开关必须放在空档（N）位置。

（2）放下（↓）支脚，红色指示灯亮。

（3）行驶功能将被锁定。

（4）倒车灯亮起，为工作区域照明。

（5）按需要升起或降下桥平台及主平台。

（6）即使平台上有负载，主平台的后部高度也可调节（选装）。

（7）按需要操作所有的货物传送功能。

(8)详细内容参阅 1.5.5。

撑脚放下具有驻车制动作用。当平台车停泊不用时,放下(↓)撑脚。

1.5.4 行驶控制操作

行驶控制操作方法、步骤如图 1-16 图 1-17 所示。

(1)紧急停止按钮:按下此按钮后,将关掉发动机并切断平台车的所有电源。**注意**:在启动发动机之前,必须将两个紧急停止按钮拉出。

(2)点火/启动开关:此开关为主控制开关。注意:行驶选择开关须置于空档(N)才能启动引擎。

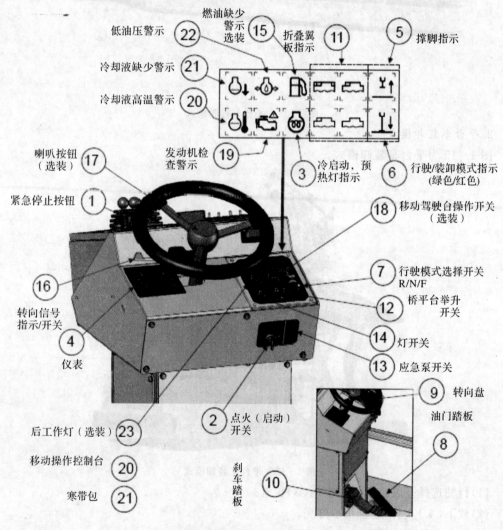

图 1-16 平台车行驶控制

注意:打开点火开关,等待"等待启动灯"熄灭后再启动。请勿连续操作引擎启动马达超过 10 s。如安装有后驻车制动功能的平台车,在关车前通知所有人员离开平台车。避免平台车后部落到不平的地面时压伤脚部的可能。

(3)冷启动,预热指示灯:视引擎选装设备而决定,启动延缓约 30 s,后由一黄色指示灯提示。在启动之前,将发动机开关转至 IGN 直到黄灯熄灭。

(4)仪表:仪表盘中配有 4 个测量仪表-电压表、引擎温度表、引擎机油压力表和柴油油量表。

(5)撑脚开关:双向开关控制撑脚的行驶模式(支脚收上↑)或装卸模式(支脚放下↓)。

注意:除非行驶选择开关位于空档(N),否则支脚开关将被锁死。

注意:在装卸模式中(支脚放下↓),倒车灯亮起以照明工作区域。

(6)行驶/装卸模式指示灯:行驶模式(绿灯亮)或装卸模式(红灯亮)。

(7)行驶模式选择开关 R/N/F:为三位置拉起保险开关。拉起开关向上推,排入前进档(→)。拉起开关向下推排入倒车档(←)。中间位置为空档(N)。

注意:倒车时(←),倒车灯亮,警告喇叭响。

注意:在装卸模式(支脚放下↓)下,行驶选择开关选择将会被锁死。

注意:平台车未完全停止前不可扳动行驶选择开关转换行驶方向(延时装置使行驶选择开关无效)。

(8)油门踏板:在前进(→)或倒车(←)时,踏住踏板以控制行驶速度;松开踏板即产生液体静力刹车。

(9)转向盘:操纵行驶方向,一般通过花键与转向轴相连。

(10)刹车踏板:踩下时,为前轮鼓式制动功能。

(11)折叠翼板指示:标准配备为三组动力托盘用两个开关控制。上方的两个单独的三位开关选择机舱门宽度(见图 1-17)。每个开关都可以控制托盘的升起(↑)及收下(↓)。

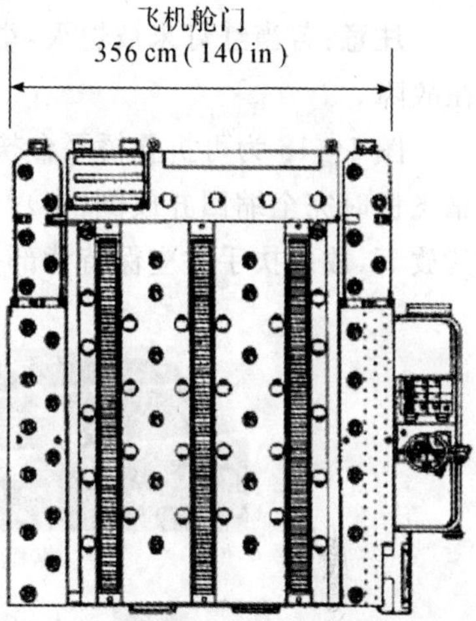

为防止损坏飞机,各组下收靠机托盘只有在桥平台放到底(↓)时才能展开。

(12)桥平台举升开关:接靠飞机时,操作此开关升降桥平台。

注意:桥平台升举等于自动进入"缓行模式",行驶速度下降/液体静压力刹车效果增强。

飞机舱门
356 cm(140 in)

图 1-17　舱门宽度选择示意图

(13)应急泵开关:应急泵在平台车故障时,用于降下桥、主平台,视需要将货物送入机舱,清空平台,收起撑脚以便将平台车拖离飞机。如果有液压油缸漏油或油管破裂,就不可使用紧急电动泵。不使用应急泵时,关掉开关以节省电力。

(14)灯开关:此开关为三位置开关控制尾灯、停车灯、仪表灯(所有)——或打开头灯和其他灯——或者关闭(↓)所有灯。**注意:**工作灯上有独立的控制开关。

(15)燃油缺少警示(选装):低柴油量时灯亮并自动关车,如要驾驶平台车,可按住旁通开关(↑)将平台车驶至加油处所。

(16)转向信号指示/开关:右转时手柄向上扳(↑),左转时向下扳(↓)。拉出手柄根部附近的金属钮可开关危险警告灯。扳动手柄后须人工复位。

(17)喇叭按钮:喇叭为选装,喇叭按钮在方向盘中央。另有一警告喇叭在倒车及主平台升降时响。

(18)移动驾驶台操作开关(选装):右侧动力移动驾驶台,控制开关位于驾驶面板上。

(19)发动机检测警示:如果红灯持续亮起,说明有报警情况,在主配电箱内有黄色与红色检测灯错误代码。红灯闪为危急问题,发动机将关闭。详情请查阅制造商的发动机手册。

(20)冷却液高温警示:如果红灯持续亮起,说明有报警情况——冷却液温度超过厂家设定的最高温度,如果红灯闪烁,发动机将关闭。详情请查阅制造商的发动机手册。

(21)冷却液缺少警示:如果红灯持续亮起,说明有报警情况——冷却液过低,应检查泄漏,补充冷却液。如果红灯闪烁,发动机将关闭。详情请查阅制造商的发动机手册。

(22)低油压警示:如果红灯持续亮起,说明有报警情况——润滑油过低,应检查泄漏,补充润滑油。如果红灯闪烁,发动机将关闭。详情请查阅制造商的发动机手册。

(23)后工作灯(选装):平台车配有选装的后工作灯,通过操作相应的按钮来进行控制。即使由于油温过热,而使红灯亮起,仍可继续快速完成当前货物的装卸传送工作。然而当红灯亮起后继续工作将会损坏液压密封圈,并最终导致泄漏。持续使用过热的流动液压油,将会严重损害马达和液压阀,导致油冷却后该故障仍会存在。

注意:若当红灯未被熄灭,举升在15 min内未完成工作,液压冷却和温度调节装置可能存在故障。

图1-18为可折叠桥平台扶手。为方便开启某些飞机的舱门,左边的扶手必须在最后接靠飞机时完全缩回并放倒(↓)。在拉动绳索放开锁闩前,站在扶手前方紧紧抓住扶手,小心将其放下,放下扶手时应保持背部挺直。为防止受伤,放下扶手时请勿弯腰。

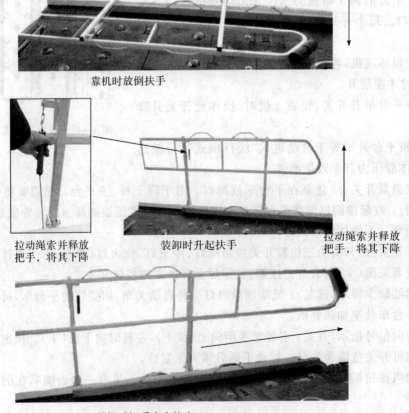

靠机时放倒扶手

拉动绳索并释放
把手,将其下降

装卸时升起扶手

拉动绳索并释放
把手,将其下降

装卸时把手完全拉出

图1-18 可折叠平台扶手

在开启舱门后,将扶手升起至直立位置。确定锁闩完全锁上并将扶手固定在直立位置(↑)。扶手也可向前延伸拉出。

装卸货物时扶手的延伸段必须朝飞机方向完全拉出。

1.5.5　装卸控制操作

装卸控制台在驾驶操作台前方,用于操作平台车货物传送,也可控制飞机货舱的货物传送。装卸控制面板分为 3 个区域,如图 1-19 所示。

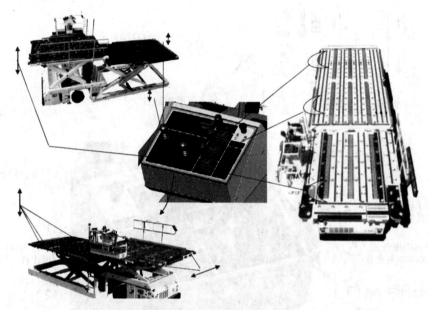

图 1-19　平台车装卸控制台

左边的控制杆控制平台车上各组件的垂直移动:如平台升降,后承重轮高度调整及桥平台的倾斜装置。中间的控制开关控制两侧边挡板与前、后挡板。右边的控制杆控制货物传送其包括桥、主平台上的,前后直线传送及侧向传送。

注意:必须在装卸模式(支脚放下↓,红色指示灯亮)下时,才可操作装卸控制台进行货物装卸。

注意:在行驶模式(支脚收起↑,绿色指示灯亮)下,除紧急停止与桥平台升起两项操作外,其他装卸模式的控制都在连锁状态下而无法操作。

平台车装卸控制台各按钮具体功能如图 1-20 所示。

(1)紧急停止按钮:按下紧急停止按钮,关掉发动机同时切断平台车所有的电源。注意:将两个紧急停止按钮拉出方可启动平台车。

(2)后平台升降开关或控制杆:标准配备为弹簧复位、三位置开关控制主平台升举(↑)与降下(↓)。选装的控制杆可控制主平台的升举速度。

(3)后端调整开关:此开关为一弹簧复位、三位置开关,用以控制平台车后端的高度,使主平台完全放下(↓)后与货板拖车同高。在放下(↓)平台车后端前,确定平台车附近没有人。若将脚放在降低的底盘框架(↓)与不平整的地面之间,可能会被压伤。

(4)桥平台升降开关或控制杆:标准配备为弹簧复位、三位置开关控制桥平台进行单速升举(↑)和降下(↓)。控制杆为选装设备,控制杆上升(↑)为两位置、双速。下降(↓)为单位置、单速。

(5)桥平台倾侧开关:此开关为一弹簧复位、三位置开关,用以控制桥平台左前角的升举(↑)和下降(↓),来调整桥平台倾斜。

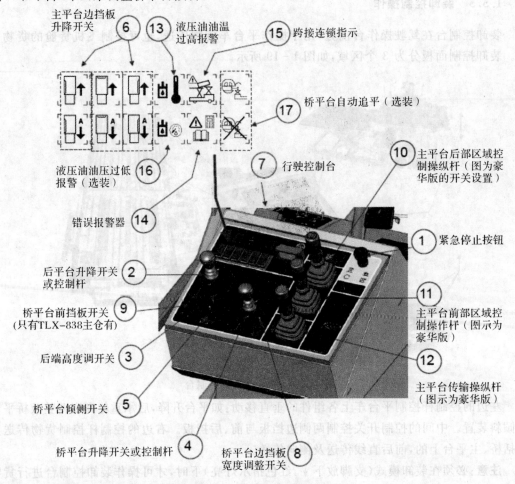

图 1-20 平台车装卸控制台图解

(6)主平台边档板升降开关:此开关是一个三位置开关,单独操作,用以控制主平台边档板的上升(↑)和下降(↓),两侧档板可分开操作。开关扳向上,档板在升起位置(↑)(上升灯亮起)。开关在中间位置时,后平台低于 75 cm(30 in)则挡板自动降下(↓)并且两个灯都会亮起。开关扳向下则暂时降下(↓)档板(弹簧复位)。

注意:无论边挡板及前、后挡板控制开关放在何位置,主平台上升(↑)超过 75 cm(30 in)时,边挡板及前、后挡板均自动升起(↑)。

注意:可装选主平台边挡板及后挡板在主平台上升至一定高度时自动升起。如在卡车装载高度 152 cm(60 in)时升起(↑)。

(7)行驶控制台:对平台车的行驶进操纵控制。

(8)桥平台边挡板导向调整开关:为一弹簧复位、三位置开关用以调整边挡板前端,使挡板开口可对正飞机货舱的挡板。调整范围为±7.6 cm(±3 in)。

(9)桥平台前档板开关:TXL—838 UNI,TXL—838—COM 与 TXL—838 SUP 的桥平台做上下往复运送货物时,前挡板会在升起的位置,只有操作前、后传送链时,前挡板才会自动下降。货物的传送途径:主平台→桥平台→飞机,将开关置于腹舱装卸位置,此时只要操作前、后传送功能,前挡板就会自动下降。

注意:当进行主舱装卸,桥平台下降接近或与主平台等高时,前挡板不会因操作前、后传送链而自动下降。在桥平台上下往复运送货物时,不可使货物压住前档板。

(10)主平台后部区域控制操纵杆。

1)主平台前段货物传送双旋转控制杆:此控制杆为一弹簧复位、五位置摇杆开关,控制主平台前段货物的前、后传送及侧向传送。将平台前、后段控制杆侧向传送反方向操作即可在平台中央旋转货盘。

2)主平台后段货物旋转:此控制杆为一弹簧复位、五位置摇杆开关,控制后平台后段货物的前、后传送及侧向传送。操纵摇杆开关的顶部按钮即可控制平台后段的旋转,如图 1-21 所示。

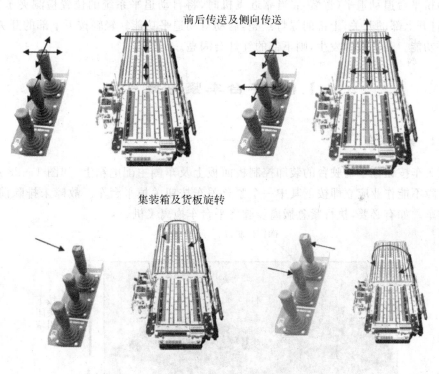

图 1-21　主平台前后货物的传送控制

(12)主平台前部区域控制操作杆:该控制杆为一弹簧复位,五位置的摇杆开关控制前、后传送及平台货物侧移,如图 1-22 所示。

(13)液压油温度过高报警:若红灯持续亮起,则警告液压油的油温超出了厂家设置的预定值,这是危急问题,为了降低液压油温,需关闭发动机冷却液压油温度。

(14)错误报警器:若红灯持续亮,则意味着有故障发生,但当前并不运行,主配电箱内的诊断中心会记录检测故障并记录下日志;若红灯闪烁,则故障为当前运行故障(检测诊断中心)。

(15)跨接连锁指示:如果红灯亮,当主平台较低时,会探测到货物位于主平台与桥平台之间,为尽可能避免货物坠落,操作主平台上升。

(16)液压油油压过低报警(选装):若红灯亮,则液压油位太低,发动机将会关闭。无法进行手动控制。

桥平台侧向传送

图1-22 桥平台货物的传送控制

(17)桥平台追动追平(选装):当靠近飞机时,将自动追平系统的位置检测夹子固定在飞机上,再打开上部的开关,上部的绿灯点亮,启动自动追平功能。轻轻按下下部的开关,将关闭自动追平功能。若有故障发生,则下部的红灯会闪亮。

1.6 平台车紧急撤离

1.6.1 紧急关车

紧急关车按钮位于驾驶台的装卸控制板面板上及车侧主配电箱上,如图1-23所示。如平台车故障不能作业应立即按下其中一个紧急关车按钮关掉平台车。故障未排除前,不可再启动平台车。如有必要,执行紧急撤离步骤将平台车拖离飞机。

操作控制台

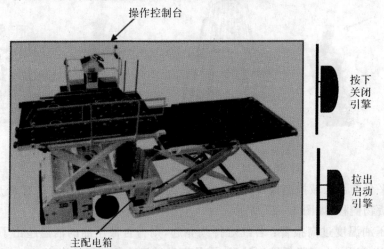

按下
关闭
引擎

拉出
启动
引擎

主配电箱

图1-23 平台车紧急开关位置

在操作平台车之前,先了解紧急关车按钮的位置。

在进入平台的下方工作前,先按下一个紧急关车按钮作为安全预防,以避免有其他工作人员意外操作升降平台车。

注意:在启动平台车之前,将两个紧急关车按钮都拉出来。

1.6.2　紧急切断柴油

若检测到柴油系统冒烟或是出现燃油蒸汽,立即关掉柴油关闭阀,该阀位于右前轮的后方,油箱的底部。此预防措施能减少起火或爆炸的可能。

如果出现明火,就不要冒生命危险去关柴油关闭阀。如果发生爆炸,就请根据常识,尽可能远离平台车。

1.6.3　紧急电动泵无法工作

紧急电动泵一般用于发动机故障时紧急撤离。如果不能使用紧急电动泵,就将一部操作正常的平台车接靠在有故障的平台车后端,升起平台使其与故障平台车的平台平齐。用人工将货物推到后方平台车的平台上。

确保平台车的撑脚被收起前,平台上所有的货物都已移去,避免出现因重量过重而损坏前桥的事故。

当货物从应急电动泵失效的平台车的两个平台上移走后,收起撑脚,并准备拖动。

收起撑脚前,前、后轮都要放置轮档。故障平台车未挂好拖杆,以及拖车未刹好驻车制动前不可移开轮档,如图 1 - 24 所示。

如果有一个升举油缸漏油或油管破裂,就立刻停止操作,不可操作升举动作。关掉平台车并通知合格的维修人员来解决问题。

在平台车发生故障后,必须

位于右前轮和梯子的后方

平台车左侧

紧急柴油关闭阀

图 1 - 24　平台车紧急开关位置

进行紧急撤离,除非合格的维修人员采取应急步骤,否则其他人员不可接近平台车。无论平台车采取何种操作,在任何情况下,人员都不得进入平台下方。

1.6.4　操作紧急电动泵

平台车装配有一个电瓶驱动的紧急电动泵。在大部分的情况中,此紧急电动泵在引擎故障时作为紧急操作的液压动力源。

如果一个液压油缸漏油或油管破裂,就请勿使用紧急电动泵。如果电气系统发生故障,电瓶仍然具有一定的电力,就可以打开主配电箱中的应急泵开关来确保液压阀的正常运行。如各控制系统正常,可使用紧急电动泵降下故障平台车的桥平台和主平台,将平台上的货物移走并收起撑脚。如果有一个单独的传送系统中的开关、控制杆、电磁阀线圈、阀芯发生故障,紧急电动泵仍可操作其他正常的传送系统中的大部分功能,已故障传送系统的功能就可用人力取代。

在拖离平台车之前，尽可能从两个平台上卸下货物，降下两个平台并确保安全顶杆已放下，且收起撑脚。不这样做，很容易对车辆的前桥造成严重的损伤。

收起撑脚前，前、后轮都要放置轮档。故障平台车未挂好拖杆，以及拖车未刹好驻车制动前不可移开轮档。

注意：如果支撑脚的操作失效，紧急释放撑脚。

为操作紧急电动泵，须翻起红色开关护罩（见图1-25）将开关向上扳住，同时操纵控制杆将货物从发生故障的平台车上传送到飞机或地面的运输车辆上。向上（↑）扳住紧急电动泵开关，并操纵降平台的控制杆，将桥、主平台降到底，再将平台车拖走。

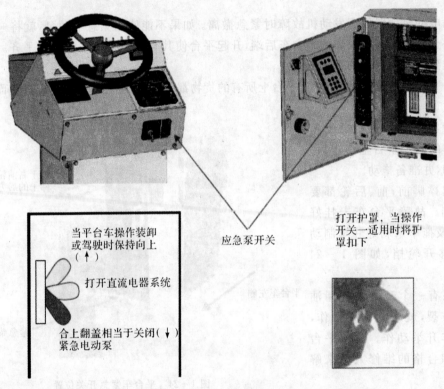

当平台车操作装卸或驾驶时保持向上（↑）

打开直流电器系统

合上翻盖相当于关闭（↓）紧急电动泵

应急泵开关

打开护罩，当操作开关一适用时将护罩扣下

图1-25 紧急电动泵

注意：紧急电动泵为电瓶电力所驱动，电瓶需要经常充电以保持其良好的使用状况。如在使用中发现电瓶电力不足，请更换电瓶。

注意：当使用紧急电动泵时，请关掉不需要的灯光，以节省电力。注意：在使用紧急电动泵之后，确保已关闭电动泵并将红色开关护罩按下，否则将导致电瓶电力的无意义消耗。注意：如平台车选装有驻车制动（后轮），先释放驻车制动红色旋钮，再操作紧急电动泵将底盘后端，高度可调节后轮升起（↑）方可拖走平台车。

1.6.5 紧急释放撑脚

如果引擎发生故障，在大多情况下撑脚仍能靠应急电泵实现收起功能，但是当液压系统或者电气系统无法操作，或者电池已经消耗殆尽后，撑脚将无法收起。

收起撑脚前，前、后轮都要放置轮档。故障平台车未挂妥拖杆，以及拖车未刹妥驻车制动前,都不可移开轮档。

　　如果撑脚不能以正常方法收起时,就旋出撑脚油缸旁的旁通阀,还能手动收起撑脚。为使撑脚收起,可以打开支撑油缸旁边的小门并逐渐逆时针旋开阀的旋钮,这样可以释放油缸中的油压,弹簧会举升起撑脚。同时慢慢旋开两侧的阀门旋钮可以收起撑脚,如图 1-26 所示。

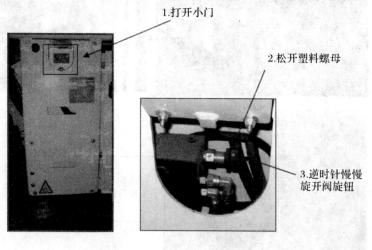

1.打开小门

2.松开塑料螺母

3.逆时针慢慢旋开阀旋钮

图 1-26　撑脚紧急操作图解

1.6.6　拖车步骤

　　在拖动平台车前,仔细阅读之前所有紧急步骤,并按照前述步骤移走货物、做好准备。收起撑脚前,前、后轮都要放置轮档。故障平台车未挂妥拖杆,以及拖车未刹妥驻车制动前不可移开轮档。在平台车后端的两处拖钩位置装上拖杆与牵引车连接。按照如图 1-27 所示位置,找到两前轮牵引旁通阀并将之顺时针方向转动到底。

　　如果平台车选装有自动驻车制动设备,必须先将其关闭之后才可以拖动平台车。如果要关闭自动驻车制动,就可以旋转并锁住驻车制动阀的旋钮,将其固定在"推入"的位置,如图 1-28所示。

牵引旁通阀位于液压板块的左侧,顺时针旋动使前轮处于自由转动状态

图 1-27　前轮牵引旁通阀

车架油路板块

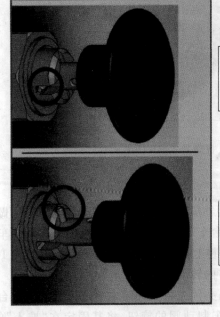

自动驻车制动关闭
(准备拖动的位置)

自动驻车制动打开
(请勿尝试拖动步骤!!)

图 1 - 28　自动驻车制动设备

在拖动平台车之前,用户必须确保所有撑脚都已收起并且自动驻车制动没有靠着后轮。为了进行核查,可以打开主电气箱,并同时向上扳动"应急电泵"和"收起撑脚"的开关,如图 1 - 29 所示,直到主平台的后部不再升起时再放手。如果驻车制动当时是打开的状态,这样的操作就可以收起撑脚并关闭驻车制动。

图 1 - 29　撑脚的检查操作

当挂好拖杆,平台车与牵引车连接好后(见图 1 - 30),移开所有轮档,开始拖动平台车。拖行速度不可超过8 km·h⁻¹(5 MPh),如果拖行速度超过 8 km·h⁻¹(5 MPh),将会对平台车造成损坏。

拖到目的位置停好后,先放置各车轮的轮档,再拆掉拖杆。

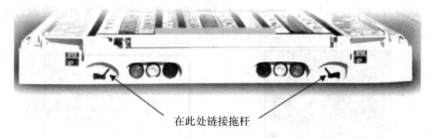

在此处链接拖杆

图 1-30　平台的牵引连接位置

在撤离作业完成后,请不要忘记关闭牵引旁通阀以重新切换到正常驾驶状态。

1.6.7　电瓶充电

如果两个电瓶一起充电,请用 24 V 电源充电,每个电瓶单独分开充电,请使用 12 V 电源充电。请核查电极的正确性,是否正极对正极,负极对负极。

接线时避免产生火花。火花可能会点燃电瓶所排出的氢气。

接线时电瓶极性的疏忽,可能会导致交流发电机的损坏。用另一部车跨接电瓶启动平台车发动机时,平台车的车身不允许与另一部车的车身接触。

关闭位于发动机机舱上的电源总开关,如图 1-31 所示,位于电瓶一侧,充电步骤要求:正极线分别与电瓶的正极和电源的正极相连,负极线一端与电瓶的负极相连,并将另一端与车架上的接地螺栓相连。

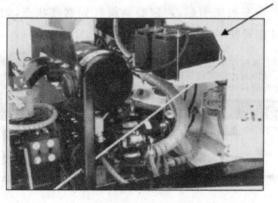

电瓶,左侧:
打开前发动机门或
发动机模块

图 1-31　电源总开关位置

1.7　平台车的保养

1.7.1　常规保养

保养工作人员在未经培训和授权前请勿操作平台车。请勿在封闭的空间里操作平台车,呼吸过多尾气将有可能导致死亡。在进入平台下方工作前请务必移去平台上的货物并撑起保险,否则可能导致受伤或死亡。

(1)平台车启动前要打开液压进油阀。第一次启动平台车前,需要确保液压油箱上的进油总阀被完全打开(见图1-32)。手柄必须与通向发动机的主液压泵上的进油管方向一致平行。如果此阀未打开而启动平台车会损坏液压泵。

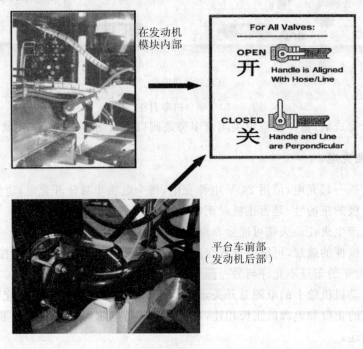

图1-32 液压油箱上的进油总阀

(2)牵引旁通阀的复位。平台车被牵引后,确定旁通阀打到驾驶状态,如图1-33所示。这样才能使前轮可以转动,而且在驾驶平台车以前必须这么做。

图1-33 牵引旁通阀

(3)紧急停止按钮。紧急停止按钮大多位于驾驶台上的货物控制台上和车侧的电气箱门上,也有平台车的紧急停车按钮选装在其他位置,如果平台车不能正常操作,在尝试其他方法之前,立刻压下任一个急停开关。在问题解决以前不要重新启动平台车,除非有资格或授权的技术人员为了排故障而需要这么做。在操作车辆以前,必须了解急停开关的位置,避免在平台车工作前车造成危险。主电源开关可以使用挂锁锁住,来保持电源切断状。要启动平台车的话,必须将两个急停开关都拉出。

(4)发动机小时表。检查发动机时间表(见图1-34),为了在推荐时间内进行维护保养,可以通过小时表来判断平台车在上一次维护过后,运行了多长的时间,发动机运转时间在诊断中心的 F5 – INFORMATION 菜单内也有记录。

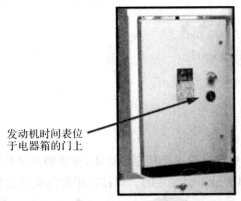

发动机时间表位
于电器箱的门上

图 1 – 34　发动机时间表的位置

（5）维护日程表。每个班次都要坚持完成日常维护。运输过后或者停放一段时间之后，再次使用前也是如此。维护推荐日程表是基于平均使用情况下的。如果平台车被用于极端情况下，按需求提高维护频率。发动机与前桥的维护必须根据原制造商上的维护日程手册上的时间进行。请查阅原制造商的维护日程手册，并遵循这些手册获取更多相关的信息和额外的维护指导。

（6）安全检查。任何一台平台车交付前，都必须完成所有的安全检查，即使之前该车已经被使用过，仅指从一个站点转移到了另一个站点。

（7）常用工具。平台车的保养维护及修理过程中会用到很多常用工具，TLD929 平台车在保养维护及修理过程中可能会需要的工具有以下 24 种：

1）整套组合扳手：3/8 in，7/16 in，1/2 in，9/16 in，5/8 in，11/16 in，3/4 in，13/16 in，7/8 in，15/16 in，1 in，1–1/16 in，1 – 1/8 in，1–1/4 in，1–3/8 in，1–1/2 in，1 – 7/8 in，2 in。

2）整套长套筒扳手 3/8 系列：3/8 in，7/16 in，1/2 in，9/16 in，5/8 in，11/16 in，3/4 in，7/8 in，1 in。

3）整套长套筒扳手 1/2 系列：1 in，1–1/16 in，1–1/8 in，1–1/4 in。

4）气动扳手套筒 3/4 系列：1 – 1/8 in，1 – 3/16 in。

5）活动扳手：6 in，8 in，10 in，12 in，18 in。

6）卡簧钳（用于 O 型卡簧）。

7）棘轮快速扳手：3/8 in 四方头及 1/2 in 四方头。

8）加长套筒（1/2 in 四方头）：1 in 六角板手（"T"字型把手为最佳）。

9）米制 1.5～10 cm，标准 3/32～3/8 in，大型 5/8 in，9/10 in，3/4 in。

10）二用扳手：1–1/2。

11）钩形扳手：52～55 mm，钩形。

12）可调节螺丝扳手头：2～4–3/4"，管脚型号。

13）螺丝刀。

14）管道钳。

15）钢丝钳。

16）斜口钳。

17)剥线钳。

18)扭矩扳手(450 ft·lb①)。

19)压力表：量程 0～5 000 psi②。

20)压力表：量程 0～1 000 psi。

21)数位电压表。

22)油滤扳手。

23)管线扳手 24 in。

24)转速表。

(8)焊接的安全操作。焊接过程中会使金属熔化,释放的热量和能量会产生化学和物理反应,而这些反应一般在常温下是不会发生的。焊接常用的危险标志如图 1-35 所示。

图 1-35　焊接常用的危险标志

1)气瓶的处理和储存。大部分的焊接都需要用到气体,如氧气、乙炔,而这些都非常可能引起火灾和爆炸。在使用任何气体前,都要多次检查是否存在危险的可能性。不要在密封环境下使用气焊。在移动或是储存前,从调节器和软管中释放并排出压力。当这些都做完后,关闭阀门并将阀门保护盖盖上。当用户移动这些气瓶时,请竖直移动并保持保护盖盖上。请坚持使用气瓶专用推车和正确的升举步骤与设备。将从供货商处得到的气瓶按次序进行使用。当一个气瓶用完后,关闭阀门,拆下调节器并将阀门保护盖装回原处,在这个气瓶做上记号表明已用完。满瓶和空瓶必须分开进行存储。永远不允许将氧气瓶靠近放置在乙炔瓶周围。将气瓶安全储存,并保证其不会被推到或是损坏。永远不允许将气瓶放置靠近散热装置或是其他任何类型的热源附近,或是接触到电线。

2)爆炸和灼伤。良好的内务管理,可以帮助防止火灾和爆炸。保持工作者作业区的清洁并远离易燃、易爆物品。如有需要,请使用金属板或阻燃毛毯一样的防火屏。同时也要注意地板上是否有裂缝和洞,如有需填满这些裂缝和洞口,以防止火花或矿渣落入其中。大部分的烧伤都是由于没有佩戴保护性装备或是没有佩戴恰当。为了避免用户的前臂灼伤,需要佩戴电焊手套并不能卷起衣袖。将最新焊接完的零部件做上标记,并写上"炙热"来提醒其他操作零部件的工作人员。

3)电弧焊接——电击。电击是由于电弧焊接时触碰到电阻所引起的危险反应。电击的产生可能是由于设备没有接地,或是经过导体的电流遇到潮湿的手套或是布料,潮湿的地板和空气等。即使电击本身并不严重,但其产生的震动会使电焊工作人员弹出工作位置而受伤。一个相当小的煤渣起火便足以惊吓住工作人员,并使其失去平衡而跌倒受伤,这是非常危险的。在高处进行焊接工作时,工作人员必须始终佩戴安全带和救生绳,以防发生滑到和跌倒。为了减少电击的危险,在焊接钢材或钢板时,要使用绝缘垫。在较潮湿的地方或是过热而导致

① 1 ft·lb=70.88 N·m;

② 1 psi=0.068 95 kPa。

手心出汗的地方进行焊接时,都要佩戴橡胶手套。如果在车间中的工作人员有受到电击,要马上关闭电源。如果受伤人员停止呼吸,请马上采取人工呼吸援救。然后检查脉搏;如果你听不到脉搏,一个合格的援救人员必须立即进行心肺复苏 CPR 求助。并请求医疗救助,越快越好。当更换电极或是电极不小心触碰到工作人员,减压装置 VRDs 能保护工作人员避免电击的伤害。减压装置可以电焊棒在没有进行焊接时,降低电极上的电压。

4)眼睛保护。保护眼睛以防焊接时发出的各种光线,包括可见光和不可见光。当使用激光焊接装备时,必须戴上特别安全保护装置。激光束是高度聚焦,高能量,如果眼睛直接注视激光束会引起严重的损伤或失明。可见光束的墙壁反射或是其他物体表面的反射会使那些没有佩戴保护措施的附近工作人员的眼睛损伤。强烈的可见光会引起眼睛的疲劳甚至暂时性的失明。不可见光包括红外线和紫外线,红外能使人感到温暖。如果暴露在红外线下,裸露的皮肤会感到温度上升。如果眼睛没有受到良好保护而暴露在红外线下,会累积变成白内障。紫外线会造成"电弧眼"或"闪光",如果发现自己的眼睛对光线敏感,或是一直流泪,或感觉像眼睛进入沙子,可能得了电弧眼,可以让眼睛休息一会儿。如果感觉疼痛,用一块厚布盖住眼睛,并且最好是湿润干净的毛巾,尽快找医生进行正规检查。可以使用光或是其他不可见光来检查焊件的完整度。焊接检查室的屏蔽层必须是完善的,以确保操作人员没有辐射危险。为了保护眼睛不受有害光的伤害,佩戴头罩或是头盔是非常重要的。工作前请仔细检查工作准备情况,不要在焊接过程中让其暴露于空气中。当焊接的工作区域为封闭场所,确保每个工作人员都离开电弧 25 m。

5)烟雾、灰尘和有毒气体。烟雾、灰尘和有毒气体可以来自电镀和使用过的金属内,任何使用过电镀金属上的铸件,电极涂层,或是保护气体,或是来自电焊过程中的反应。金属烟热是由于电焊过程中通电,金属氧化分子挥发。这些分子会在肺内部产生反应,使工作人员在接触几小时后感觉恶心。接触电焊中产生的有毒气体,会引起巨大反应包括肺灼烧,破坏肺液,肺气肿,慢性支气管炎和窒息。有毒废物可以通过开窗通风和安全演练来进行控制。每次工作中始终使用通风设备,检查确保当地废气已排除或使用面罩。工作区域的废弃溶剂必须严格控制。所有使用过溶剂的地方都要在电焊之前移开,是因为加热他们会产生有毒烟雾。同时用户还必须注意含氯溶剂的蒸气不能受到紫外线的辐射,因为这会导致反应并释放有毒气体。溶剂的储存和使用必须在分开的房间,而且不能用在马上要进行焊接的零件上。如果任何车间的工人开始表现出以下症状,包括恶心、呕吐、头痛、乏力、神志不清和胸痛,这可能意味着空气中已出现有毒气体,每个人都要外出呼吸新鲜空气。任何表现出症状的人要马上进行救助,呼叫医疗帮助,只有配戴呼吸防护设备的人员,才被允许回到屋内,尝试进行救援或检查危险来源。总而言之,为了在厂房中以免受伤的关键为预防、良好的安全演习、恰当的保护措施和仔细处理燃油。

6)零件的焊接。在焊接零部件前,关闭平台车前部的电源总开关和主断路器。断开所有的电气设备包括电瓶,发动机车载电脑 ECM,PLC 控制器和显示屏以避免损坏这些设备。

1.7.2　平台车液体保养和润滑

在每次使用之前或在运输和存放后即将投入使用前,检查各液体的液位:燃油、液压油、发动机机液。在维护周期内,检查液压油滤上的堵塞指示器,并且加注润滑油(推荐使用的机油和液压油)。

（1）发动机机油。

1）SAE 10W—30 通用，适用于各种温度。

2）SAE 30W 适用于 25 °C（80 °F）以上。

3）SAE 5W—30 适用于—5 °C（20 °F）以下。

（2）液压油。

1）Mobil DTE—13 or 13M（ISO grade 32）或相同环境温度（—26℃（—15°F）～＋18℃（＋65°F））。

2）Mobil DTE—15 or 15M（ISO grade 46）或相同环境温度（—9℃（＋15°F）～＋38℃（＋100°F））。

3）Mobil DTE—16 or 16M（ISO grade 68）或相同环境温度（＋4℃（＋40°F）～＋54℃（＋130°F））。

（3）润滑油。多用途，使用时间长，EP lithium-based NLGI Grade 1 or 2 润滑油/油脂或相同规格类型。

在两个平台都降低时检查液压油位。最大允许液压油温度为 93℃（200°F）。注意观察液压油箱上的温度计。检查和加油时坚持佩戴防护眼镜。否则会造成对眼睛的伤害，没有变速箱、差速器或刹车油需要维护，所有行驶和制动都属于液压系统。

要接近发动机，先拔掉门闩，打开前门操作前确保发动机门关闭。当门开着的时候，不要移动或操作平台车。开关发动机前门时确保自己的手指远离前门，如图 1-36 所示。

图 1-36　发动机前门

要从后方进入发动机，拉掉门闩，打开整个发动机模块。安上发动机撑杆，固定住发动机，转开锁扣，拉出门把手，转出来，将门往后拉，如图 1-37 所示。

图 1-37　发动机后门

注意：在拉门的时候手指远离插销的上方。抓着把手，慢慢把发动机模块往外拉，由于发动机很重，因此外拉速度不要太快。

注意：在开门和关门的时候，手和脚要远离活动部件。在操作车辆以前，确保发动机模块安全关上，如图 1-38 所示。当发动机打开时，不要移动或者操作车辆。

（a）　　　　　　　　　　　　　　　　（b）

图 1-38　发动机模块门的撑杆

1. 发动机机油

阅读发动机手册，按照手册对发动机发动机机油进行全面的检查和维护，具体操作如下。

（1）启动平台车，将发动机升温到操作温度。

（2）当发动机升温完成后，检查有无泄漏。

（3）关闭发动机，5 min 后检查机油油位。

（4）根据维护周期要求，更换机油和油滤。

注意：在安装新的油滤之前，用干净的发动机机油润滑油滤上的密封圈。

（5）机油位置应当在油尺的上下两个标记中间。

（6）如果液位低于下面的刻度，则需要加油。

（7）不要加太多：机油位不能超出油尺的上刻度线。

手接触到热的发动机机油，会造成人身伤害，因此要小心。根据当地环境指导和规章处理废置机油。

注意：参照发动机手册，寻找排油口和油滤的位置。

2. 水箱散热器

根据冷却液使用环境，确定防冻剂的规格型号，以在低温工作环境下保护系统，如有必要，添加冷却液。发动机热的时候，尽量避免打开水箱盖子。慢慢逆时针旋转盖子，转到缺口处，用抹布盖着，以防止热气喷出造成伤害，当发动机完全冷却后，检查冷却液。打开水箱盖子，检查冷却液水位。

参考发动机手册上关于冷却部分的维护和保养方面的内容。当发动机完全冷却后，按需求增加或减少冷却液，废置的冷却液处理要根据当地的环境指导和法规。

3. 燃油表

每次换班前，检查驾驶台上的燃油表，按需要添加燃油，如图 1-39 所示。

仅有燃油表(标准版TXL-838)
或者一组仪表(选装)

油箱靠
近梯子

图1-39 燃油表及燃油箱的位置

4.液压油及油滤

(1)液压油。平台降下后,检查液压油箱的油量表。如果液压油排干净了,确认磁性排油口干净,并且已经安装上。按需要补充液压油。只有当两个平台都降下之后,才可以在油表上读出准确的液位信息。如图1-40所示。

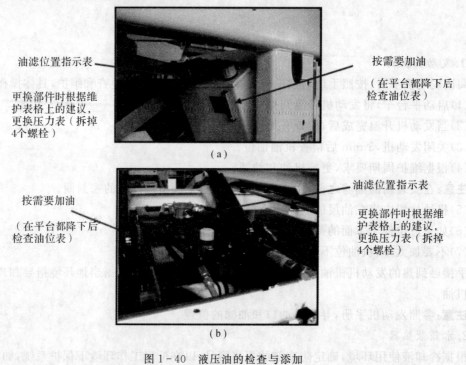

油滤位置指示表

按需要加油
(在平台都降下后
检查油位表)

更换部件时根据维护表格上的建议,更换压力表(拆掉4个螺栓)

(a)

按需要加油
(在平台都降下后
检查油位表)

油滤位置指示表

更换部件时根据维护表格上的建议,更换压力表(拆掉4个螺栓)

(b)

图1-40 液压油的检查与添加

检查和加油时必须佩戴防护眼镜。如果液压油进入眼中,立刻使用干净的清水冲洗。否则会造成对眼睛的伤害。如果液压油溅到皮肤上,马上冲洗掉,以避免腐蚀皮肤。

(2)油滤。启动平台车,放下支撑腿,操作平台上升,同时传送货物,检查回油滤上的堵塞指示器,回油滤位置在液压油箱的顶部当指示表在红区时,更换滤芯。

回油滤滤芯的更换步骤如下。

①垫片更换。

②指示仪表更换。

再一次操作平台上升,同时传送货物,检查高压油滤上的指示器,高压油滤位与发动机位置,油泵板块的后部。具体步骤如下。

①当指示器弹出来时,更换相关零部件。

②高压油滤(见图 1-41),获取零件编号。

③更换滤芯。

④更换指示器。

⑤高压油滤。

⑥更换滤芯,更换指示器。

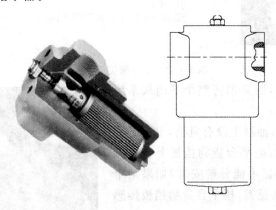

图 1-41　高压油滤(主泵旁)

注意:在更换液压油之前,升降两个平台多次,以使油路中的各部分的油都可以通过回油滤,冲刷系统中的微小颗粒,具体操作如下。

①到达维护表中的维护周期时,需要更换液压油箱中的液压油。

②排空油后,清洁油箱,安装好磁性排油堵头。

③卸下出油滤盖子,彻底清洗滤网。

④换所有上面提到的过滤器滤芯。

注意:常规的液压油更换不需要清洗液压油路和各液压部件。

⑤依照推荐的液压油品牌,加油加到液位表浮子升到 2/3 高度的时候停止,到最底下的状态;加油超过这个位置的话,有可能会因为温度上升后,造成液压油溢出的情况。

更换高压油滤滤芯的时候,关闭进油总阀。启动发动机前一定要确保打开进油总阀。如果没有打开的话,有可能会损坏液压油泵。如果液压油浑浊、烧焦或发出烧焦的味道,液压油被杂质、水或其他物质污染,有外来物质进入,均需要对整个液压系统进行排油、冲洗、重新加油。

1.7.3　维修部件维护

现在平台车设计理念是维护简单化。大部分部件不需要例行维护。在自检系统和界面诊断中心的帮助下,故障检测和维修相当方便。查找短路或者断路的点,判断故障的部件都很直观。不需要例行维护的一些部件在左侧支撑腿上安装有两个接近开关(见图 1-42)。在平台举升的不同部位也有相应的接近开关。这些开关不能调整,也不能拆开。如果一个开关功能失常,需要更换整个开关。

平台举升油缸上装有平衡阀(见图 1-43)。这些阀不能调节。他们也不能拆开来装配。

主平台前方(838&929)
接近开关
无需维护和调节,故障即更换

底盘前方左侧(838&929)
接近开关
无需维护和调节,故障即更换

图 1-42 支撑腿接近开关

若其中一个阀发现损坏,则必须将整个平衡阀系统的所有阀同时进行更换。

确保拆卸平衡阀时,油缸上没有货物,平台必须牢牢固定在保险撑杆上,桥平台货物挡板上安装有两个传感器。这些传感器不能分解安装,如果某个故障了,就更换掉整个传感器,桥平台货物挡板传感器必须按照要求调校。

图 1-43 平衡阀位置

1. 前轮驱动平台车保养

前驱动轮的某些系列平台车没有变速箱,差速器和刹车油无需进行保养。所有的行驶和制动功能隶属于主液压系统。

(1)按照维护周期表的指示,例如:前轮的螺栓扭力对于 838/929 应当为 599 N·m(442 lb·ft),对于 121 为 400 N·m(295 lb·ft)。

(2)按照标准程序,使用扭矩扳手上紧螺栓。

(3)如果螺栓松了,检查轮子安装面,看是否有异物进入了安装面内,以确保两个面能够平滑贴合。

(4)当紧固螺栓时,确保支撑腿放下。

(5)当轮胎的胎纹深度不足 3 mm 时,更换轮胎。

2. 刹车保养

如果前轮安装有重载鼓式刹车,一些相关问题会造成刹车系统的过度磨损,比如说装配时未对准,震动过大,或者紧固件松了,这些应该在刹车片更换前或者刹车油缸损坏前提早发现。刹车保养和行驶马达保养属于主液压系统的保养。因此,刹车系统不需要放油,除非行驶马达被拆下或者更换。

(1)如刹车系统需要放空气,请将支脚放下并使前轮离地。

(2)卸下轮子和轮毂。

(3)轻轻踩下刹车踏板,同时松开轮毂后面的放空气螺丝放空气。

(4)完成后旋紧放空气螺丝,装上轮胎。

刹车蹄片过度磨损更换时,必须检查调整刹车分泵。当刹车分泵将蹄片推向刹车鼓时活塞不可过度伸出至其极限。活塞过度伸出可能造成刹车故障。如发现行走驱动马达漏油,首先应检查调整刹车分泵。如发现刹车分泵调整不当,转动星状轮使蹄片靠近刹车鼓但不能与其接触。部分平台车在刹车蹄片上装用单星状轮,此装置没有自动调整的功能,如图 1 - 44 所示。

检查调整:
制动蹄必须靠近刹车鼓
（如果没有安装）
注意是靠近不是接触
如果制动蹄开始时离刹
车鼓设置过远,制动分
泵活塞会因为向刹车鼓
伸出过度而导致损坏

检查制动蹄:
过度磨损
表面出现了故障

调节轮的调整:
一个调节轮（如图示）是没有自调整装置的。第二个调节轮（第二个调节轮如图中虚线所示）无论是何种调节轮,当制动蹄被替代时,用户都必须先行正确设置。

图 1 - 44 制动鼓的检查

3. 电气系统的检查和维护

平台车使用免维护蓄电池,在电瓶的使用周期内,不需要检查电瓶内的电解液或其他细节,根据说明书上要求按时更换电瓶即可。用 24 V 电源可给两个电瓶同时充电。或者用 12 V 电源分别给单个电瓶充电。充电时注意极性:正极接正极,负极接负极。**避免产生火花,造成电瓶中泄漏出氢气爆炸,极性辨识错误会导致发电机损坏,检查平台车是否与其他交通工具共用一台电源。**如图 1 - 45 所示。

如果电瓶状况良好,但是在平台车使用过程中没有得到充分的充电,需要检查发电机的输出。如果平台车选装了电压表,那么到驾驶台上检查这个仪表的读数。如果没有,使用外接电压表测量发电机的输出端,看发动机运转时,电压是否在 26～29 V 的范围内,应急电泵是电瓶驱动的,它要求电瓶有足够电力时才能正常工作。如果电瓶在普通工作状态下,电力损耗了,就有必要更换电瓶。电瓶桩头的连接要牢固紧密,还要涂上绝缘油脂防止它们生锈,保持把橡胶保护套覆盖在桩头上,拧紧紧固螺栓。将正极电缆一头连接到用电器的正极,另一端连接到电瓶正极。将负极电缆一端连接用电器负极,另一端按需求连接到电瓶负极以及车架等部位的接地端子上。

电瓶
发动机台的左侧
（图示为前门打开状态）（838/929）
121的电瓶位置在底盘的顶部

图 1 - 45 平台车的电瓶

4.平台车润滑油的添加

为了加注润滑油,需先将油枪(加油嘴)清理干净。加注相应的润滑油进行润滑。

注意:过多润滑油会损害后轮装配中的密封圈。

(1)前驱动桥共6点(每边3个润滑点)润滑点,如图1-46所示。

(2)后轮有4点或8点,每轮子1个润滑点,如图1-47所示。

(3)桥平台和主平台上的滚筒轴承润滑。

(4)PDU润滑,如图1-48所示。

螺栓两侧

顶部润滑点

球头润滑点

底部润滑点

图1-46 前桥润滑

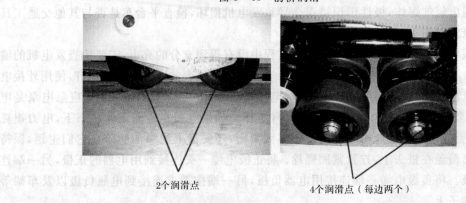

2个润滑点

4个润滑点(每边两个)

图1-47 后轮润滑

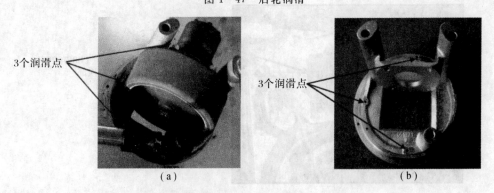

3个润滑点

3个润滑点

(a)

(b)

图1-48 PDU润滑

(a)PDU装配;(b)PDU铸造件上的隐藏润滑点

在加注润滑油前，清洁车身表面的污垢和灰尘，润滑部件如下（见图 1-49）。

(1)润滑平顶传送链条。

(2)润滑万向轮、驱动链条。

(3)润滑桥平台可收放把手护栏。

(4)润滑各扇门的铰链。

(5)润滑发动机模块的把手。

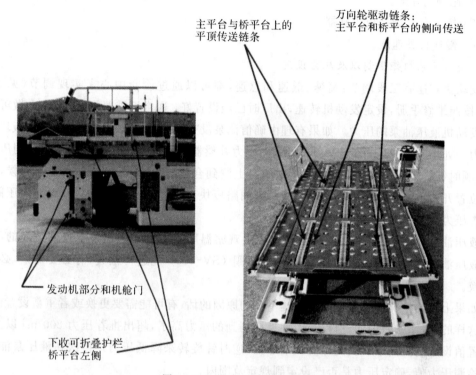

图 1-49　扶手、驱动链条润滑

1.7.4　平台车系统调节

某些系统不需要调节，平台车设计时为使维护简单化，将诸多零部件设计为不需要调整。支脚、后端高度、平台可下翻托盘、前平台倾斜、边挡板、前后挡板、引擎点火等系统的速度及性能，均由限流孔或电气零件固定或控制，无必要调整。事实上，为使这些系统处于最佳工作状态不应对其进行调整，如图 1-50 所示。

图 1-50　无调节需要的系统装置

1.手动调节

某些系统可以手动调节,需要调节的大部分都可以通过诊断中心实现,具体如下。

(1)发动机怠速、低速需求、高速需求时的转速。

(2)主平台升降速度,4段段独立速度。

(3)货物传送速度,每一部分单独调节。

(4)比例阀开度。

(5)桥平台货物挡板传感器。

(6)慢速行驶速度。

2.液压油泵扭矩限制以及压力设定

发动机转速有三段调节:高速、低速和怠速,都可以通过诊断中心来实现调节(见图1-51)。按照维修手册,设定发动机转速,出厂时已经设置好,通常不需要调节,不这么做可能会损伤发动机液压油泵的压力。如果有理由确信该泵没有调好的话,使用压力表,在泵板块上测试压力。如果测出的压力低于3 000 psi,则压力补偿器可能设置得过低。在泵上找到压力补偿器,顺时针旋转来增加压力。如果无法在泵上测到合适压力,并且液压油太烫的时候,从回油滤位置开始追踪热源。如果热源在液压泵油路板块上,系统卸压可能太低,更换泄压阀,再次检查压力。

液压油最高温度为93℃,从液压油位表上观察温度。如果无法在泵上得到适当的压力,并且液压油温度正常的话,拆下检查泵伸电磁阀(SV-73)能进行检查,有必要的话,必须进行更换。

如果上述的情况都不是造成压力达不到的原因的话,有可能需要更换或者重新设置油泵。如果这样的话,请参照说明进行检查,如果检测到的压力高了,超出推荐压力200 psi以上,压力设置值设定的太高了。找到压力调节螺栓,逆时针旋转来降低压力。再次在液压泵油路板块上检测压力值,确定压力是否已设定到规定范围内。

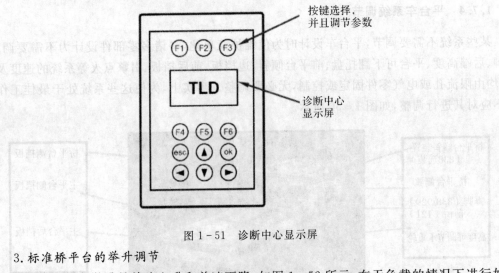

图1-51 诊断中心显示屏

3.标准桥平台的举升调节

标准的桥平台举升是单速上升和单速下降,如图1-52所示,在无负载的情况下进行如下调节。

(1)在底盘液压板块上找到♯13和♯14流量调节阀,松开锁紧螺母。

(2)♯13调节阀露出3圈半螺纹,♯14调节阀露出5圈半螺纹。

(3)完全升起桥平台,在无负载情况下检测下降速度。

(4)按需求调节♯13调节阀上的螺栓:顺时针以减慢速度/延长时间。

(5)当桥平台下降速度达到预期目标时,拧紧锁紧螺母。

(6)完全降下桥平台,在无负载情况下检测快速上升速度。

(7)按需求调节♯14调节阀上的螺栓:顺时针以减慢速度/延长时间。

(8)当快速上升速度达到预期目标时,拧紧锁紧螺母。

(9)不需要调节桥平台慢速下降速度,调节完成后,用油笔在螺纹处打上记号。

在发动机内部

流量控制阀
#13与#14

图 1-52　底盘液压油路板块

4.万向轮驱动链条的调整

主平台和桥平台下面的双排链条将马达的动力传送到万向轮的滚筒轴承上,所有的链条应当要定期检查磨损状况,并调节到合适的张力,如图1-53所示,可按照以下步骤进行调整。

(1)拆掉平台表面的盖板。

(2)在前平台下方可调整前平台上的万向轮驱动链条而不须拆除盖板。

(3)检查每条双排链条的张紧力是否适当,链的下垂度不应低于链轮连线 2 cm (3/4 in)上。

(4)检查链条不可与大梁或支架磨擦。

(5)如发现链条过松,调整链条至适当的张力。

(6)如已调到最大限度而链条仍过度松驰,或链条仍与大梁磨擦,更换链条。

图 1-53　万向轮驱动链条

选取新链条时应注意其长度，不可选取过长，新链条在使用一段时间拉长后仍有调整的空间。新链条安装使用 20 h 后，应再次调整其张力。操作各方向的货物传送，检查万向轮滚轮是否转动平顺且无杂音。如万向轮滚轮转动时不平稳且杂音大，可能是链条张力过紧，视需要对其进行调整。

5.平顶履带张力的调整

平顶履带都应被调整到适合的张力水平，以避免在移动物体时履带打滑而造成损坏。如果履带损坏，可能是由于平顶履带过松，使平顶履带在侧向装卸时撞击到货板上。每条平顶传送履带的两端旋转齿轮上都装有张紧轴承。可以使用该轴承来调节平顶履带的张力，从平顶履带链条的中心区域向上拉升测量垂直的距离"H"，如图 1-54 所示，$H=10.5$ cm（ 4.25 in）。

图 1-54　平顶传送履带

确保链条的尺寸正确，合适长度的链条可以使张紧轴承受力合理。链条调整必须在首次使用或替换后的 50 h 后再次进行检查。更多信息，请遵循相关的维护日程表。链条的使用寿命会随着外部操作条件、货物装卸、温度以及维护质量的变化而改变。链条当超过原始长度的 3% 时，应当马上进行替换。例如：测量 40 节履带的长度，链条原本的长度约为 60 in（1 524 mm），如图 1-55 所示，测量值超过原始长度 3% 时更换平顶履带。

6.PDU 油缸的调节

为了使货物始终能够直线传送，PDU 必须正确调校。两个 PDU 通常是通过一根连接横杆,可以从 0°转到 90°联动。PDU 油缸需调节两处,一个是调节油缸总长度,另一个调节收缩时的长度。图 1-55 显示了 PDU 油缸的调节操作。

调校一组 PDU 首先要调节 PDU 连接的换向油缸。启动侧移功能,使 PDU 侧转,油缸伸长,如图 1-56 所示。检查配合状况,保证左右方向是笔直的朝向;如果不是,松开油缸螺母进行调节,从 PDU 上拆掉油缸,转动活塞末端螺母,再将油缸装回 PDU 支架,试着多做几次,直到位置准确。完成以后,锁紧油缸活塞末端的螺母,以锁定这个位置。

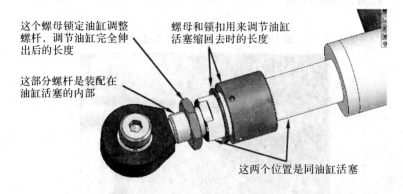

这个螺母锁定油缸调整螺杆,调节油缸完全伸出后的长度

这部分螺杆是装配在油缸活塞的内部

螺母和锁扣用来调节油缸活塞缩回去时的长度

这两个位置是同油缸活塞

图 1-55　PDU 油缸结构

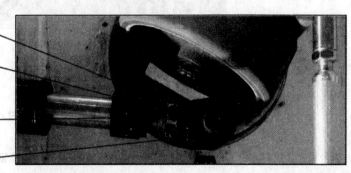

松开这个油缸螺母

使用薄头的 1-1/2 的扳手固定油缸活塞,以便松开油缸螺母

放开这个螺栓,将油缸从 PDU 支架上拆下来

将这部分伸长或缩短,以便使 PDU 侧转的位置准确

图 1-56　PDU 侧转

从 PDU 上拆掉油缸,转动活塞末端螺母,再将油缸装回 PDU 支架,试着多做几次,直到位置准确。完成以后,锁紧油缸活塞末端的螺母,以锁定这个位置。测试时一定要关闭电源,以防止事故发生。可以在主电源开关上加锁以确保电源切断,并不能被其他人员误操作而造成伤害。

将 PDU 纵向传输方向上调整至笔直,当调整完成时,拧紧锁紧螺母。

PDU 不能与连杆有干涉,调整连杆末端,使两个 PDU 同时正常工作。可以使用乐泰 (loctite)242 号螺纹胶并且以 210 lb·ft 的扭力上紧。如图 1-57 所示。

使用诊断中心上的按键,调节设置参数来调整速度,不能使用流量阀来调节主平台升降和货物传送速度。如图 1-58 所示。在使用诊断中心前,确保所有人员远离平台车,平台车有可能在测试中不经意启动,从而造成重大人身伤害甚至死亡。运行良好的平台车不需要频繁调校。若经常暴露出问题,则有可能是机械或液压部分存在故障或错误,注意查找问题的根源。

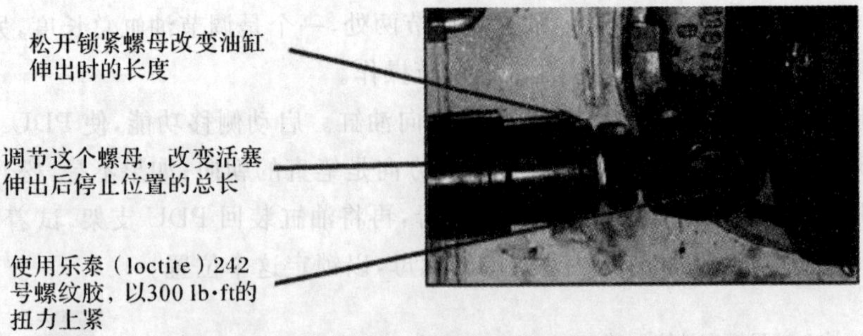

松开锁紧螺母改变油缸
伸出时的长度
调节这个螺母，改变活塞
伸出后停止位置的总长
使用乐泰（loctite）242
号螺纹胶，以300 lb·ft的
扭力上紧

图 1-57　PDU 处于前进/后退位置

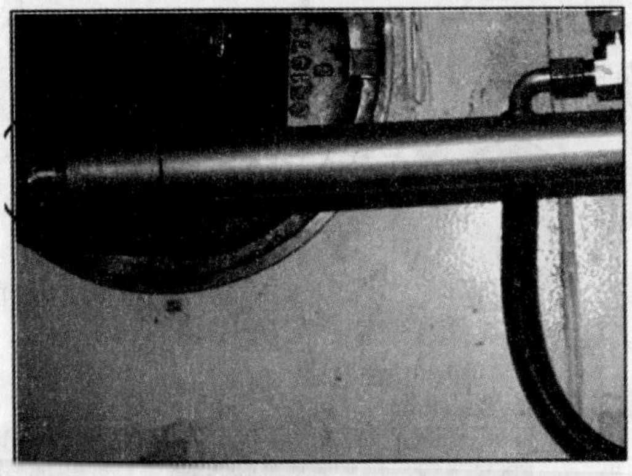

图 1-58　使用诊断中心调节平台车

1.8　平台车故障诊断中心

平台车故障诊断中心位于主电控箱内,如图 1-59 所示,诊断中心用于简化处理电气和液压系统的故障及维护,诊断中心也可以用于调节参数。

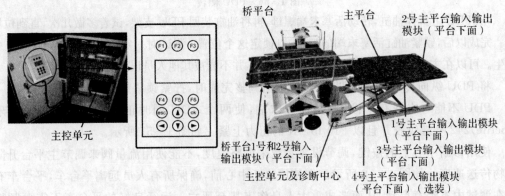

主控单元
F1
F2
F3
F4
F5
F6
esc
ok
桥平台
主平台
2号主平台输入输出
模块（平台下面）
1号主平台输入输出模块
（平台下面）
3号主平台输入输出模块
（平台下面）
桥平台1号和2号输入
输出模块（平台下面）
主控单元及诊断中心
4号主平台输入输出模块
（平台下面）（选装）

图 1-59　故障诊断中心

诊断中心和平台上的控制,如开关和操作手柄,均享有相同的优先级。如果开关或者操纵杆正在使用中,在使用诊断中心的操作菜单前,要把这些使用中的开关或操作手柄先停止使用。上下两个急停按钮必须都被拔出,连接主控单元和诊断中心的网络必须正常,以便能够使用诊断中心。

如果显示器显示"MAIN CONTROLLER NO SIGNAL",如图 1-60 所示,有可能需要将主平台模块上的一个终端电阻移到诊断显示器的背面,以使主控单元和诊断中心之间的网络可以正常运行。主控制器无信号的故障如果是由网络故障引起的,仅仅靠移动网络终端电阻并不一定有效。如果不行,位于电控箱背面桥平台网络插头和主平台网络插头,两个小一点的插头可以断开,如图 1-61 所示。这样 CAN 总线网络就可以在主控单元和诊断中心之间产生一个小型的网络。

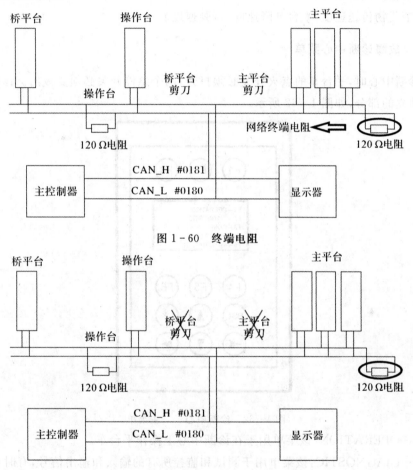

图 1-60　终端电阻

图 1-61　桥平台和主平台网络插头的断开

确保在操作操作台上的任何开关前,两个平台上没有货物。平台车在测试功能时,不注意的话货物会被传送到平台外面去。确保在使用诊断中心时,所有人员离开平台车。平台车在测试功能时,不注意的话有可能会造成严重的人身伤害甚至死亡。

1.8.1　故障诊断中心的功能

故障诊断中心的主要功能是监测线路中的短路和断路。平台车在操作过程中,诊断中心可识别线路的短路和断路,还可以记录间歇性的短路或断路。当发现一个问题时,它将会在诊断中心的故障页面上显示出来,同时会有一个红色的故障指示灯在操作台上点亮,直至该故障被修复或消除,本节内容涉及到的车型均以 TLD 平台车为例进行讲解。

故障诊断中心的独立测试在诊断中心上可以运行所有平台车具有的功能,即使在相应的控制开关无效时,也可以进行操作。故障诊断中心的测试模式可以实时监控每一个输入的值,可以强制输出每一个输出信号来测试相应的功能。

故障诊断中心可调节的内容包括以下几项。

(1)发动机转速。

(2)调节比例阀的开度。

(3)调节货物传送速度,平台升降速度,行驶速度。

1.8.2　故障诊断中心菜单

使用诊断中心时,平台车的点火开关必须打开,两个急停开关必须要拔出。诊断中心分为以下 5 个独立的部分,如图 1 - 62 所示。

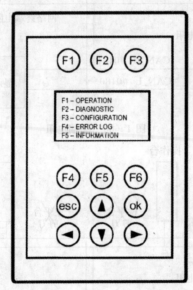

图 1 - 62　诊断中心——主菜单

(1)F1—OPERATION:该菜单用于在诊断中心上操作平台车。

(2)F2—DIAGNOSTIC:该菜单用于测试和监控所有的输入和输出信号,有时也用来强制进行信号输出。

(3)F3—CONFIGURATION:该菜单用来设置平台车的参数。

(4) F4—ERROR LOG:该菜单显示和记录平台车各处正在发生和曾经发生过的故障。

(5)F5—INFORMATION:该菜单提供发动机、系统的信息以及平台车的历史记录。

图 1 - 63 为 TLD 平台车诊断中心的菜单参考表,诊断中心菜单操作方法具体如下。

(1)按（↑）或（↓）按钮以向上或向下移动一行。

(2)按（→）或（←）按钮以显示下一级或上一级页面。

(3)按（ok）按钮已选定相应参数或功能。

(4)按（esc）按钮以随时返回上一级菜单。

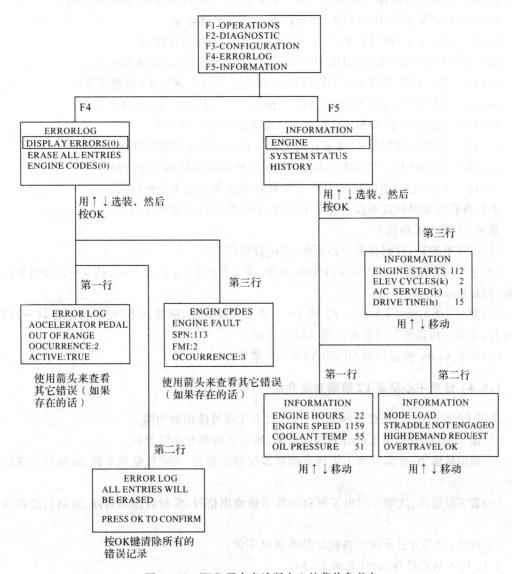

图 1-63　TLD 平台车诊断中心的菜单参考表

1.8.3　故障诊断中心菜单 F1 操作功能介绍

诊断中心菜单 F1 功能详解如下。

(1)00-BRIDGE UP/DN SLOW 桥平台缓慢上升或下降。

(2)01-BRIDGE UP/DN FAST 桥平台快速上升或下降。

(3)02-ELEVATOR UP/DN SLOW 主平台缓慢上升或下降。

(4)03-ELEVATOR UP/DN FAST 主平台快速上升或下降。

(5)06-BRIDGE TRANSFERS 操作桥平台上货物横向和纵向移动。

(6)07-ELEV FRONT TRANSFERS 操作主平台前部货物横向和纵向移动。

(7)08—ELEV REAR TRANSFERS 操作主平台后部货物横向和纵向移动。

(8)09—ELEV REAR ROTATE 操作主平台后滚筒运动。

(9)10—ELEV CENTER ROTATE 操作主平台中部旋转移动。

(10)12—LEFT SIDE GUIDE DOWN 操作主平台左侧挡板（强制放下）。

(11)13—RIGHT SIDE GUIDE DOWN 操作主平台右侧挡板（强制放下）。

(12)14—REAR ELEV STOP DOWN 操作主平台后部挡板（强制放下）。

(13)15—REAR CHASSIS 操作主平台承重轮的上升与下降。

(14)16—LOW DEMAND 要求在发动机低转速时激活油泵使能阀。

(15)17—HIGH DEMAND 要求在发动机高转速时激活油泵使能阀。

(16)18—FORCE DRIVE MODE 在特殊情况强制车辆为行驶模式。

不是所有的菜单和选项在平台车中都有，要根据平台车的型号而定。

菜单 F1 操作流程如下。

(1)打开电控箱，找到诊断中心面板（在电控箱门上）。

(2)按（F1）键选择 OPERATIONS 菜单，按（↑）或（↓）或（→）或（←）按钮来选择功能，然后按（ok）。

(3)使用（↑）或（↓）或（→）或（←）键来实现功能，例如：（↑）使平台上升，（→）使货物向右，等等。可以使用的箭头在激活时会点亮。

(4)按下（esc）按钮回到 OPERATIONS 菜单。

1.8.4 诊断中心菜单 F2 诊断功能介绍

菜单 F2 诊断功能，在此诊断菜单中，有以下 4 项可使用的功能。

(1)输入：这部分列出了所有的输入信号，所显示的都是实时数据。

(2)模拟量输出：这部分列出了所有的模拟量输出信号，实时数据和短路、断路信息在这里显示。

(3)数字量输出：这部分列出了所有的数字量输出信号，实时数据和短路、断路信息在这里显示。

(4)网络：这部分显示网络各模块是否通讯正常。

1.F_1 输入功能操作流程（见图 1-64）

(1)打开电控箱，找到诊断中心——在电控箱门背面。

(2)按（F2）选择 DIAGNOSTIC 菜单。

(3)按（↑）或（↓）按钮来选择所需功能，并按（ok）选择。

(4)按（↑）或（↓）或（→）或（←）按钮在输入信号列表上滚动查看，实时数值显示在每行的最后。

实例演示，在面板上读取以下数据。

第一行显示控制桥平台下降的操作杆（J-5）的参数值。800 表示操作杆在扳到底时所激活的数值是总量的 80%。如果是 0 的话，表示控制桥平台下降的操作杆不起作用。

第二行显示对应主平台框架的接近开关的工作状况，离开框架 24 in 为临界点。当数值显示为 0 时，代表主平台上升超过 24 in；若显示为 1 时表示主平台低于这个高度。

第三行显示了另外一个接近开关，这是防止主平台上升超过桥平台的。该接近开关是常闭触点,因此在该开关的描述末尾有一个"＊",以表示当数值为"1"是代表"没有物体挡在传感器前方"。"1"表示输入端有电压,"1"也表示这个传感器指示灯亮。

第四行显示操作台上开关的状态,这里告诉我们前进开关没有接通。

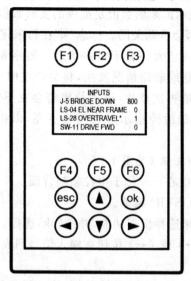

图 1-64　诊断中心——输入

2.F2 模拟量输出功能操作流程(见图 1-65)

(1)打开电控箱,找到诊断中心——位于电控箱门背面。

(2)按(F2)选择 DIAGNOSTIC 菜单,按(↑)或(↓)按钮来选择所需功能,并按(ok)选择。

(3)按(↑)或(↓)或(→)或(←)按钮在输入信号列表上滚动查看,实时数值显示在每行的最后。

实例演示:在面板上读取数据:第 1,2,3 行显示桥平台和主平台的比例阀的值,0 表示它们处于关断状态。当处于货物装卸模式时,比例阀会处于初始点(大约在 100)。

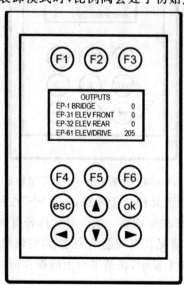

图 1-65　诊断中心——模拟输出

EP-1,EP-31,EP-32没有反馈回路,因此所显示的数值不一定是阀的真实值,没有短路和断路的监控,只有输出短路保护。第四行显示 EP-61 这个比例阀,控制车辆行驶速度和平台升降速度的值。数值205是初始值。如果平台上升,这个值将会显示650左右。EP-61和 EP-62 有反馈回路,所以显示出来的数值是准确的实时数据,以 mA 为单位。它们有短路和断路监控,当检测到短路时阀会自动关闭。标志"↘"在行末尾显示,代表该元件处于断路状态;标志"╧"在行末尾显示,代表该元件处于短路状态。短路和断路的状态每30 s检测刷新一次,某元件若有间歇性的短路或断路情况发生,将会产生时而工作正常,时而关闭的情况。当问题消失之后,它依然有可能再次产生,这类故障将会在 F4 菜单——ERROR LOG 上显示,在桥平台上的操作面板上的故障指示灯也将会点亮,以指示在故障指示菜单上有故障产生。

3.F2 数字量输出功能操作流程(见图1-66)

(1)打开电控箱,找到诊断中心——位于电控箱门背面。

(2)按 (F2) 选择 DIAGNOSTIC 菜单。

(3)按 (↑) 或 (↓) 按钮来选择所需功能,并按(ok)选择。

(4)按 (↑) 或 (↓) 或 (→) 或 (←) 按钮在输入信号列表上滚动查看。实时数值显示在每行的最后。

实例演示:如图1-66所示,在面板上读取数据:第一行显示桥平台上操作台的闪灯状态,"1=开"或"0=关";第二行,第三行和第四行显示桥平台的相关电磁阀的开闭情况。第二行显示的就是 SV-01 这个阀控制桥平台货物前进处于开启状态。

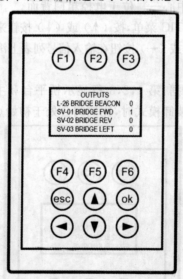

图1-66 诊断中心——数字量输出

标志"↘"在行末尾显示,代表该元件处于断路;标志"╧"在行末尾显示,代表该元件处于短路。短路和断路的状态。检测每30 s刷新一次。某元件若有间歇性的短路或断路情况,将会产生时而工作正常,时而关闭的情况。当问题消失之后,它依然有可能再次产生。这类故障将会在 F4 菜单——ERROR LOG 上显示,在桥平台上的操作面板上的故障指示灯将会点亮,以指示在故障指示菜单上有故障产生。

在同一输入/输出模块中,如果在一个输出端上发生短路,该输出会被关闭。如果有另一个输出端短路,该输出也会被关闭。然而,如果是断路的话,其他在该模块上的短路或断路将不会被检测到。注意,此时输出端依然处于短路保护中,只是一旦发生短路,它不会在诊断中心上显示。

4.网络功能操作流程(见图1-67)

(1)打开电控箱,找到诊断中心——位于电控箱门背面。

(2)按(F2)选择 DIAGNOSTIC 菜单。

(3)按(↑)或(↓)按钮来选择所需功能,并按(ok)。

(4)选择按(↑)或(↓)或(→)或(←)按钮在网络设备列表上滚动查看,行末的"1 in 表示该网络设备与主控单元的通讯正常。

实例演示:在面板上读取数据:第一、三、四行显示网络设备工作正常,第二行显示桥平台2号模块没有与主控单元通讯,检测和处理网络故障。

1.8.5　诊断中心菜单 F3 设置功能介绍

有些高配平台车中装配有侧滚筒流量控制阀,标配平台车中均没有流量控制阀去调节主平台的升举和货物传送速度。其他型号平台车,请使用主电控箱中的诊断中心来对速度进行调节,如图1-68所示。

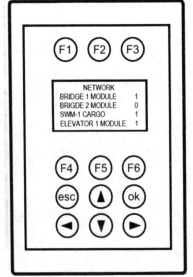

图1-67　诊断中心——网络

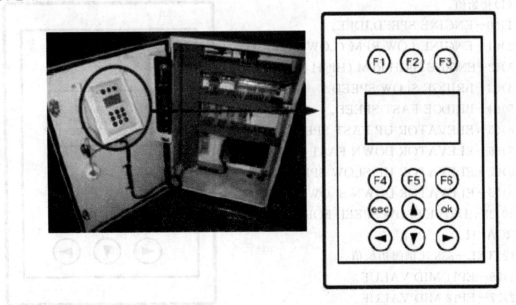

图1-68　电控箱内的诊断中心

在使用诊断中心时,平台车点火开关必须开启,两个急停按钮必须都在拔出位置,如图1-69所示。确保在使用诊断中心时,所有人员离开平台车。平台车在测试功能时,不注意的话有可能会造成严重的人身伤害甚至死亡。一台运转良好的平台车不需要经常调校。一辆平台车如果时常不以设置好的参数运转，则有可能是液压或机械方面出现问题。请注意寻找问题的根源。

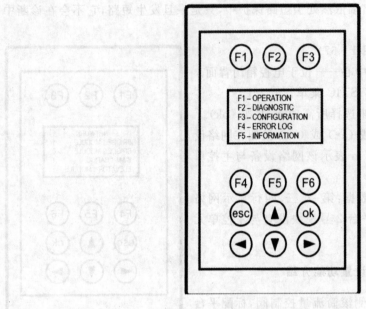

图1-69 诊断中心——配置

下列参数可以调节，有些菜单在普通模式下是隐藏的。若要显示所有的参数，关闭电源，按住 F3 按钮，然后打开电源直到设置菜单显示，大约需要 7 s（见图 1-70）。

（1）初始值。

1）00—ENGINE SPEED IDLE。

2）01—ENGINE LOW RPM (LOW DEMAND)。

3）02—ENGINE HIGH RPM (HIGH DEMAND)。

4）03—BRIDGE SLOW SPEED。

5）04—BRIDGE FAST SPEED。

6）05—ELEVATOR UP FAST SPEED。

7）06—ELEVATOR DOWN FAST SPEED。

8）07—ELEVATOR UP SLOW SPEED。

9）08—ELEVATOR DOWN SLOW SPEED。

10）23—DRIVE SLOW SPEED FOR AIRCRAFT APPROACH。

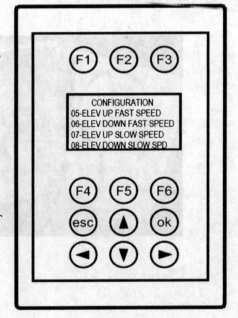

图1-70 诊断中心——设置菜单

（2）TXL-838 比例阀初始值。

1）26—EP11 MID VALUE。

2）27—EP12 MID VALUE。

3）28—EP21 MID VALUE。

4）29—EP22 MID VALUE。

5）30—EP23 MID VALUE。

6）31—EP31 MID VALUE。

7)32－EP32 MID VALUE。

8)35－THRESHOLD EP61。

9)36－THRESHOLD EP62。

10)38－EP11 MAX VALUE。

11)39－EP12 MAX VALUE。

12)40－EP21 MAX VALUE。

13)41－EP22 MAX VALUE。

14)42－EP23 MAX VALUE。

15)43－EP31 MAX VALUE。

16)44－EP32 MAX VALUE,NO CONTINUITY。

(3)929/121 比例阀初始值。

1)30－THRESHOLD EP1。

2)31－THRESHOLD EP31。

3)32－THRESHOLD EP32。

4)35－THRESHOLD EP61。

5)36－THRESHOLD EP62。

(4)TXL－838 货物传送速度。

1)12－OVERALL FORWARD SPEED。

2)13－OVERALL REVERSE SPEED。

3)14－BRIDGE SIDE SHIFT SPEED。

4)15－ELEVATOR SIDE SHIFT SPEED。

5)17－ELEVATOR REAR ROTATE SPEED。

6)21－PDU TURN TIME。

7)22－PDU TURN BACK TIME。

(5)929/121 货物传送速度。

1)11－BRIDGE FWD/REV SPEED。

2)12－ELEVATOR FRONT FWD/REV SPEED。

3)13－ELEVATOR REAR FWD/REV SPEED。

4)14－BRIDGE SIDE SHIFT SPEED。

5)15－ELEVATOR SIDE SHIFT SPEED。

6)16－ELEVATOR CENTER ROTATE SPEED。

7)17－ELEVATOR REAR ROTATE SPEED。

(6)121 压力调整。09－ELEVATOR PRESSURE。

(7)121 主平台高度传感器校准。45－ELEVATOR MINIMUM HEIGHT ADJUST。

(8)121 桥平台货物挡板调节。46－BRIDGE TRANSDUCER ADJUST。

(9)838/929 桥平台货物挡板传感器设置。47－BRIDGE TRANSDUCER RESET。

(10)货物操纵杆网络识别 ID 号。

1)48－J－1 ID。

2)49－J－2 ID。

3)50—J—3 ID。

1. 比例阀初始值设定

(1)比例阀初始值设定案例分析1(TLD929—C/121 车型)。每当一个新的主控单元装到平台车上后,在将平台车重新投入使用前,都必须进行初始值设置。每当一个比例阀被更换之后（EP1，EP—31，EP32，EP—61，EP—62)，也需要进行初始值设置(见图1-71)。

在诊断模式下,拔出急停开关,启动平台车。将平台车放在负载模式。通过诊断面板,操作主平台升降5次,然后将主平台升到离车架 30 cm(12 in)的地方,保持发动机运转。

初始值设定设置该比例阀的起始位置,平台车必须处于负载模式,支脚放下,并且发动机运转中,打开电控箱,在门背面找到诊断中心面板。

EP—1，EP—31 和 EP—32：按（F3）选择 CONFIGURATION 菜单；使用（↑）或（↓）按钮选择需要调节的参数,按（ok)确定；使用（→）按钮增加数值直到相应的运动机构动作；使用（←）按钮减少数值直到相应的动作机构停止,通常值大约在 100 左右(60～150)、EP—61 与 EP—62,在设置 EP—61 与 EP—62 的初始值前,在这个菜单上把该两个阀的值先降到80,将主平台升高至离地面4 ft 的高度,按（F3）选择 CONFIGURATION 菜单,使用（↑）或（↓）按钮选择该参数,按（ok)确定,使用（→）按钮增加数值,直到主平台动作,使用（←）按钮减少数值直到主平台停止。通常值大约在 180 左右(100～250)。

如果阀最终值为80并且主平台仍在移动,那表明液压回路或是阀体本身其中之一出现了故障,检查并排除故障。

注意：系统会自动保存参数数值,按（esc）回到 CONFIGURATION 菜单。

注意：在设定好初始值后,必须检查速度,速度设定的步骤请参考相应手册。

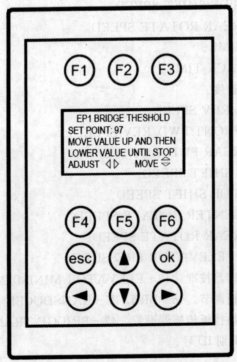

图 1-71　诊断中心——初始值调整

（2）比例阀初始值设定案例分析 2（TXL－838 车型）。每当一个新的主控单元装到平台车上后，在将平台车重新投入使用前，都必须进行初始值设置。每当一个比例阀更换之后（EPXX），也需要进行初始值设置。在诊断模式下，拔出急停开关，启动平台车。将平台车放在负载模式。通过诊断面板，操作平台升降 5 次，然后将主平台升到离车架 30 cm（12 in）的地方，保持发动机运转，注意：平台车必须处于负载模式，并且发动机运转中。

初始值设置用于设定比例阀的开度。打开电控箱，在门背面找到诊断中心面板。

1）EP－11，EP－12，EP－21，EP－22，EP－23，EP－31 与 EP－32：按（F3）选择 CONFIGURATION 菜单，使用（↑）或（↓）选择所需调节的参数，按（ok）确定。选择一个目录 XX－EPXX MID VALUE 来调节该阀的低开度值，使用（→）或（←）增加/减少数值，直到相应的机构（在屏幕上闪烁）的运动情况符合 60 in · min^{-1} 或 18 m · min^{-1}。

按（ESC）退回 CONFIGURATION 菜单使用（↑）或（↓）选择需要调整的参数，按（ok）确认。选择一个目录 XX－EPXX MAX VALUE 调节该阀的最大开度值使用（→）或（←）按钮，增加/减少数值，直到相应的动作机构（在屏幕上闪烁）运转至 120 in · min^{-1} 或 36 m · min^{-1}（见图 1－72）。

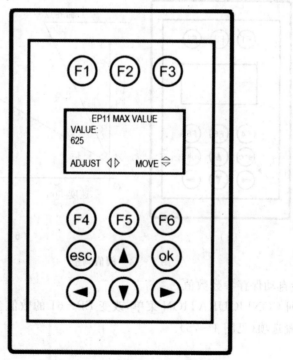

图 1－72　诊断中心——阀的最小开度与最大开度调节

这些参数（见图 1－73）决定了这些阀能按照预定的速度传送货物。调节的目标就是使不同的传输机构在速度上达成一致，在使用诊断面板进行下列步骤前，确保没有货物在平台上，人员都离开平台车。

注意：在设定好初始值后（见图 1－74），必须检查速度，速度设定的步骤请参考相应手册。

2）比例阀调节 EP－61：将主平台升到离地面 4 ft 高处；按（F3）选择 CONFIGURATION 菜单；使用（↑）或（↓）选择所需调整的参数，按（ok）确认；按（→）按钮增加数值，直到主平台动作；按（←）按钮减少数值直到主平台停止，通常值约为 180（100～250）。

该初始值决定了开始传送货物时该动作机构的运动。调节的目的在于设定开始时的操作范围起点。

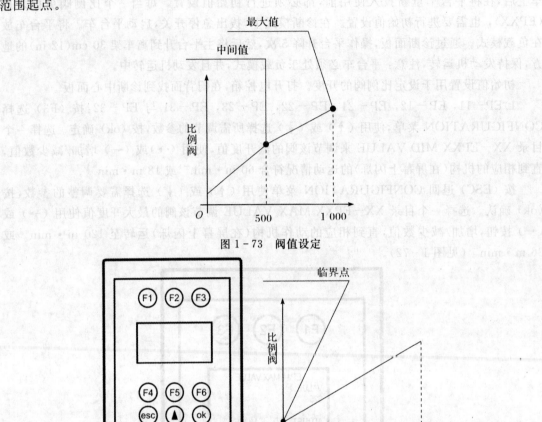

图 1-73 阀值设定

图 1-74 阀值调整

（a）　　　　　　　　　　　　　　（b）

注意:系统会自动保存参数数值。

按（esc）返回 CONFIGURATION 菜单,改变 EP-61 的数值会影响主平台缓降速度,检查主平台速度设置选项(见图 1-75)。

2.传输速度

(1)传速速度案例分析 1(TLD929/121 车型)。货物传送的不同速度由 3 块区域调节。

1)桥平台:10—FWD/REV Speed(平顶履带纵向速度),11—Side Shift Speed(桥平台万向轮横向速度)。

2)主平台前部:12—Front FWD/REV Speed(平顶履带纵向速度),13—Side Shift Speed(万向轮横向速度)。

3)主平台后部:14—Rear FWD/REV speed(平顶履带纵向速度),15—Side Shift speed(万向轮横向速度),16—Center Rotate speed(中间旋转速度),17—Rear Rotate speed(后部旋转速度)。

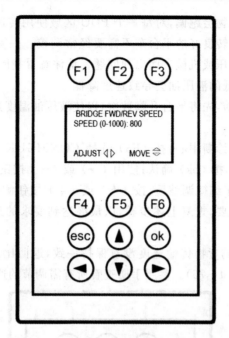

1-75　诊断中心——货物传送速度调整

　　检查传送速度时使用转速表测量三条传送履带的速度以及侧滚筒的滚动速度。货物传送速度没有必要经常调节，一台运转良好的平台车不需要经常调校，一辆平台车如果时常不以设置好的参数运转，则有可能是液压或机械方面出现问题。请注意寻找问题的根源，不要过度调节以免损坏诊断中心。

　　温度较低的液压油会导致速度降低，在测试和调整速度之前，应先操作平台升降数次以使液压油温度达到正常工作温度，同时平台车必须启动并处于负载模式。

　　打开电控箱在门背后找到诊断中心，按（F3）选择 CONFIGURATION 菜单，使用（↑）或（↓）选择所需调节的参数，按（ok）确认；使用（→）或（←）按钮增加或减少参数值，注意：系统会自动保存参数数值。

　　在做了细微调整后，按（↑）或（↓）按钮测试设定结果，使用转速表测量横向和纵向速度；如有必要，重复上述步骤，以最终达到要求的速度。按（esc）返回 CONFIGURATION 菜单。

　　（2）传速速度案例分析 2（TXL929－838 车型）。货物传送的速度由 3 块区域进行调节，如图 1－76 所示，所有部件：12－Overall forward speed（整体前进传输速度），13－Overall reverse speed（整体后退传输速度），21－PDU Turn time 这个参数调节当 PDU 转向筒伸出时，PDU 转动部分和 PDU 接近开关之间的检测时间；13－PDU Turn back time 这个参数调节当 PDU 转向筒缩回时，PDU 转动部分和 PDU 接近开关之间的检测时间。

　　1）桥平台：14－Bridge side shift speed（optional）（桥平台侧移速度，选装）。

　　2）主平台前部：15－Elevator side shift speed（optional）（主平台侧移速度，选装）。

　　3）主平台后部：15－Elevator side shift speed（主平台侧移速度）；17－Rear Rotate speed（后部旋转速度）。

　　对于 PDU 单元而言，PDU 速度调节独立于万向轮速度，使用比例阀调节。所有 PDU 的速度要调节到一致,否则货物会跑偏,对每一个 PDU 区域使用转速表检测转速。货物传输速度不需要经常调节,一台运转良好的平台车不需要经常调校。一辆平台车如果时常不以设置好的参数运转,有可能是液压或机械方面出现问题。请注意寻找问题的根源,不要过度调节以免损坏诊断中心。温度较低的液压油会导致速度降低。

在测试和调整速度之前,先将平台升降数次,以使液压油温度达到正常工作温度。平台车必须开动并处于负载模式。

打开电控箱的门,找到诊断中心;按(F3)选择 CONFIGURATION 菜单;使用(↑)或(↓)选择所需调节的参数,按(ok)确认;使用(→)或(←)按钮增加或减少参数值;系统会自动保存参数数值。在做了细微调整后,按(↑)或(↓)按钮测试设定结果,使用转速表测量横向和纵向速度,如有必要,重复上述步骤,以最终达到要求的速度。按(esc)返回 CON-FIGURATION 菜单。

注意:如果每个 PDU 的货物传输速度没有保持一致,返回比例阀调节部分,并按照上面的调节步骤重新调节(见图 1-76)。参照手册查看所有需调节的速度及方法。

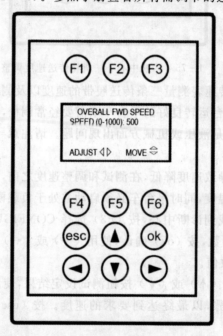

图 1-76 诊断中心——货物传送速度调节

3. 主平台升降速度设定(见图 1-77)

车辆配有液压减压阀,安装在主平台升降/驾驶油路板块中间部位。用户可以在液压油路板块上找到压力测试口。建议的压力值可以在手册参数规格表中查到。不要设置超过建议的压力值,以避免损坏系统中的液压零部件。

注意:平台车必须启动并处于负载模式。

打开电控箱在门背后找到诊断中心面板;按(F3)选择 CONFIGURATION 菜单;使用(↑)或(↓)选择所需调节的参数,按(ok)确认;调节减压阀直到达到预定的数值;按(esc)步骤完成,系统会自动保存参数数值。按(esc)返回 CONFIGURATION 菜单。

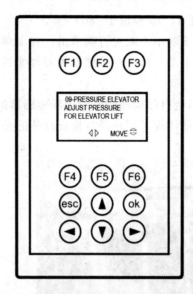

图 1-77　诊断中心——主平台升降速度调节

4.主平台最小高度调节（见图 1-78）

车辆配有传感器对主平台的高度进行检测，从而来决定当主平台下降到它设定的高度，以及当安全顶杆撑起后在什么高度必须停止下降主平台。

（1）操作步骤。打开电控箱，在门背后找到诊断中心面板；关闭电源；按下 F3 键；打开电源；10 s 后释放 F3 按键；使用（↑）或（↓）选择所需调节的参数，按（ok）确认。

（2）校对验证：按下（↓）按键来下降主平台并与车架同高；屏幕上显示的为当下的实际数值与设置点。两数值相差必须在±25。若不是，请遵循调节步骤重新设定。

（3）调节步骤：主平台降到底后，按下 F6 键来设置主平台最低高度的位置；系统会自动保存参数数值。按（esc）返回 CONFIGURATION 菜单。

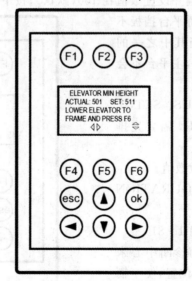

图 1-78　诊断中心——主平台最小高度调节

5.桥平台传感器调节(见图1-79和图1-80)

桥平台挡板传感器是使用诊断中心来进行调节的。在菜单中设置零位置,使车辆在主平台对接桥平台时能缓慢移动无卡滞。桥平台传感器需要经常性的校准,以保证对接功能的正常操作和系统的安全性。

诊断中心在大部分的时候,会自己检测桥平台挡板传感器的故障或是设置不当,但不能保证在所有场合情况下正确。这就体现了用户经常检查校准的必要性。

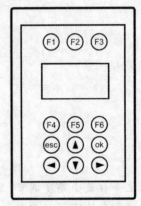

图1-79 桥平台传感器的校准　　　　　1-80 诊断中心——桥平台传感器调节

平台车必须启动并处于负载模式。

(1)操作步骤.打开电控箱,在门背后找到诊断中心面板;关闭电源;按下 F3 键;打开电源;10 s后释放 F3 按键;使用(↑)或(↓)选择所需调节的参数,按(ok)确认。

(2)桥平台传感器校对验证:按下(↓)按键来下降主平台并与车架同高车辆配有两个传感器:RFT1 和 RFT2 分别负责车辆的左侧和右侧。屏幕上显示的为当下的实际数值与设置点。两数值相差必须在 ±5 之内。若不是,请遵循调节步骤重新设定。

(3)调节步骤:按下 F6 按键并设置数值在 100(默认);按下(↑)按键来上升主平台并与桥平台同高;当主平台检测到桥平台挡板不移动后,主平台会自动停止;当其中之一的桥平台挡板传感器设置超标后,主平台不会上升。

菜单最后会显示"STATUS:SETUP OK",如果状态显示为 ERROR,需要先排除传感器进行故障。

注意:系统会自动保存参数数值。

按(esc)返回 CONFIGURATION 菜单。

6.桥平台传感器重置(见图1-81)

桥平台挡板传感器是使用诊断中心来进行调节的。在菜单中设置零位置,使车辆的主平台对接桥平台时能缓慢移动无卡滞。桥平台传感器需要经常性的校准,以保证对

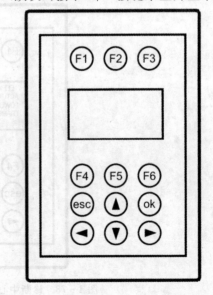

图1-81 诊断中心——桥平台传感器重置

接功能的正常操作和系统的安全性。

诊断中心在大部分的时候,会自己检测桥平台挡板传感器的故障或是设置不当,但不能保证在所有场合情况下正确。这就体现了用户经常检查校准的必要性。

注意:平台车必须启动并处于负载模式。

调节步骤如下。打开电控箱,在门背后找到诊断中心面板;关闭电源;按下 F3 键;打开电源;10 s 后释放 F3 按键;使用(↑)或(↓)选择所需调节的参数,按(ok)确认;按下(↑)按键来上升主平台并与桥台同高;当主平台检测到超台保护接近开关打开后,会停止上升,以确保本次的调整的正确无误。

当其中之一的桥平台挡板传感器设置超标后,主平台不会上升。

菜单最后会显示"STATUS:SETUP OK"。如果状态显示为 ERROR,需要先排除传感器进行故障。

注意:系统会自动保存参数数值。

按(esc)返回 CONFIGURATION 菜单。

7. 操作控制开关网络识别号(见图 1-82)

操作控制开关有 3 套设置参数。这些识别号仅在主控制单元更换后才需要重新设定。要进行这些参数设置,请参照下列步骤。

平台车必须启动并处于驾驶模式;打开电控箱在门背面找到诊断中心面板;关闭电源;保持按下 F6 按钮;打开电源;10 s 以后松开 F6 按钮;使用(↑)或(↓)按钮选择需要的参数并按(ok)确认;根据电路原理图,使用(→)或(←)按钮增加或减少参数值,来设定操作开关的网络识别号。

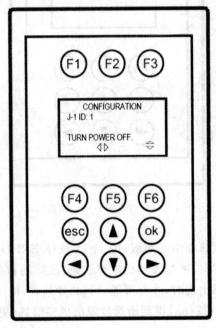

图 1-82　诊断中心——操作开关网络识别号调节

注意:系统会自动保存参数数值。

重新启动电源以激活这些修改,按(esc)返回 CONFIGURATION 菜单,这些参数只有在得到开发中心允许后才可以变动。

1.8.6 故障诊断中心菜单 F4 操作功能介绍

菜单 F4 - ERROR LOG,这个菜单显示故障列表。当有故障发生时,货物操作平台上的红色指示灯会闪亮,如图 1-83 和图 1-84 所示。

图 1-83 操作台上的故障报警

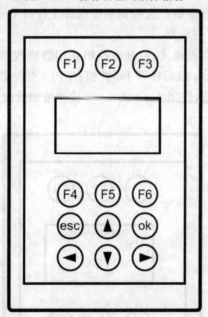

图 1-84 诊断中心——错误记录

1.步骤

打开电控箱,门背面找到诊断中心面板;按(F4)选择 ERROR LOG 菜单;这里列出了两种故障:第一种是系统故障,第二种是发动机故障代码;故障的数量在第一和第三行的末尾有指示;只有当至少有一个故障出现时,才有可能看到故障列表;使用(↑)或(↓)按钮选择需要的故障类型,按(ok)确认;按(ok)得到所选故障的更多信息(更全面的描述,发生的次数),故障也可以清除。

2.显示故障

当选择 DISPLAY ERRORS 时,每页显示一个故障信息,使用(↑)或(↓)或(→)或(←)按钮浏览故障,第一行和第二行给出故障描述,第三行给出该故障发生的次数,即使关机,故障信息也会保存在这儿。第四行显示该故障当前是否正在发生,如图 1－85 所示。

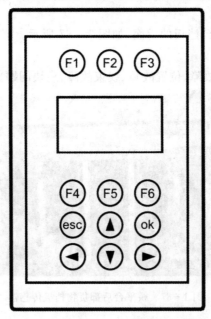

图 1－85 诊断中心——错误情况

3.可能出现的故障列表

(1)ELEV OVERTRAVEL/CHECK SENSOR LS－28。

当主平台接近车架时,若接近开关 LS－28 没有发出任何电压信号,则该故障会产生,如图 1－86 所示。

1)现象:传感器出错时,主平台将不动作,调节接近开关,以便让它在主、桥平台持平时正好探测到信号。

2)可能的原因:传感器故障、线束问题、桥平台 1 号模块问题及传感器调节不正确。

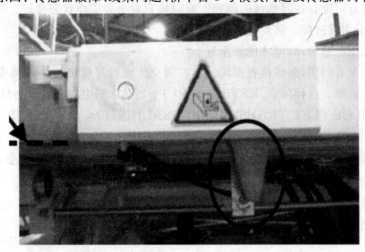

图 1－86 超行程接近开关

3)解决方案:在诊断中心按照路径 DIAGNOSTIC—INPUTS—LS－28 检查,确保传感器工作正常。

(2)BRIDGE LEFT TRANSDUCER/OUT OF RANGE 和 BRIDGE RIGHT TRANS-DUCER/OUT OF RANGE。

桥平台传感器位于桥平台挡板的后面,如图 1-87 所示。当传感器传输值超出合理范围(130~800)就会产生故障。

1)可能的原因:传感器故障、位置故障、线束故障、模块问题。

图 1-87　桥平台后部货物挡板传感器

2)解决方案。

①在诊断中心按照路径 DIAGNOSTIC—INPUTS—RFT1 或 RFT2 检查。

②如果值为 0,检查传感器接头处的电压。在传感器接头的 A 脚和 C 脚间有大约 24 V 的电压。

③如果没有检测到电压,先确认模块供电是否正常(桥平台前部模块上的绿灯亮为正常)。如果需要的话,改正状态,如果接头处仍然没有电,检查线路。

④用电阻表检查传感器,确认它工作是否正常。在 A 脚和 C 脚间的电阻值应该为 5 000 Ω。B 脚是信号脚,其阻值应该在 0~5 000 Ω 之间变化(A 和 B 间,或 B 和 C 间)。

⑤传感器也有可能存在间歇性的问题。有时候它看上去工作状态良好。如果传感器存在死区,这有可能会引发故障。需要更换传感器。

⑥只有当关闭电源后,故障才能被重置。

⑦如果线路没有问题,继续检查模块。左右两个传感器与模块相连的接头可以反一下来测试是否是输入故障。这样的话,RFT-1 和 RFT-2 在诊断中心上显示会反过来。

(3)3-BRIDGE LEFT TRANSDUCER/UNADJUSTED, DO SETUP 和 4-BRIDGE RIGHT TRANSDUCER/UNADJUSTED, DO SETUP。

当主平台与桥平台持平时,传感器数值与设定初始数值误差比较大,则会产生这个故障。在主平台与桥平台对接大约 750 ms 时,主平台上升命令被激活。

1)故障现象:当传感器没有调节时,主平台移动缓慢。

2)可能的原因:传感器故障、位置故障、线束故障、模块问题。

3)解决方案。

①尝试在 CONFIGURATION-BR TRANSDUCERS RESET 里重新调节传感器设定点。该传感器有可能被重新调节过。

②如果设置过后的结果是 SETUP OK,再次尝试一下。

③如果设置的结果还是 ERROR,系统无法记录该设定点的有效值。在两个平台交会时,传感器的值应该在 130～400 之间。通过 DIAGNOSTIC - INPUTS - RFT2 路径,检查相关值。

④如果故障持续,则检查线路。

⑤传感器有可能存在一个间歇性的问题,尽管它有时候看上去工作很正常。如果在传感器中存在一个死区,就有可能会引发故障。需要更换这个传感器。

⑥如果线路是正确的,检查网络模块。

注意:请勿将传感器的螺丝拧得过紧以避免产生不必要的故障。

(4)5 - BRIDGE AUTOLEVEL/RFT - 6 ERROR DETECTED(桥平台自动对平/RFT-6故障检测,见图 1-88)。

这个故障会发生在当桥平台自动对平传感器RFT-6的信号无法检测到的时候。传感器会发出两个信号。第一个信号是从 0.25～4.75 V 以及第二个信号是从 4.75～0.25 V 发出。两个电压的附加值都必须始终保持在 5 V。两个信号都需要,倘若其中一个信号的电线插头被断开或是电线破损,设备会检测到一个故障。

1)症状:当传感器发生故障时,自动对平装置无法被激活。

2)可能缘由:RFT-6 传感器发生故障、电线插头被拔出、电线损坏。

图 1-88 桥平台自动对平

3)解决方案。

①在 F2-DIAGNOSTIC 菜单中的 2-INPUTS,检查数值"RFT-6 AUTOLEVEL S1"和"RFT-6 AUTOLEVEL S2"。数值必须在 200～4 800 之间。S1 与 S2 数值反向同步(例如:S1=500,S2=4 500(5 000-500)或者 S1=4 000,S2=1 000(5 000-4 000))。

②如果其中一个的数值为 0,根据电气原理图检查传感器的电线是否存在破损,这样的故障缘由很可能是一根破损电线引起的。

③相加 "RFT-6 AUTOLEVEL S1" 和 "RFT-6 AUTOLEVEL S2" 的数值。两者总和必须介于 4 800～5 200 之间。计算结果如果超出范围,更换 RFT-6 传感器。

(5)6 – MEMORY ERROR/CHANGE CONTROLLER。

这个故障发生在当主控单元有一个内存故障时。

(6)7 – TEMPERATURE >85C/STOP OPERATION。

这个故障发生在当主控单元内部温度超过 85℃时。平台车必须停止运行,直到温度降低,该故障消失。应该打开电控箱门,给内部通风降温。当温度降至低于 85℃时,该故障会自己清除。需要检查是否有元件或线路起火或烧焦的情况。

(7)8 – CAN 1 ERROR/CHECK WIRING 和 9 – CAN 2 ERROR/CHECK WIRING。

这个故障发生在当主控单元的 CAN 总线网络接口工作不正常的时候。

1)可能的原因:CAN HIGH(线号 0181 或 0191)接地了、主控单元上的 CAN 总线接口坏了。

2)解决方案。

①检查 CAN 总线的 CAN LOW 和 CAN HIGH 线路的电压。CAN LOW 上的电压应当在直流 2 V 左右,CAN HIGH 上的电压应当是直流 4 V 左右。只要有一条线是 0 V 或 24 V,那就需要检查线路情况。

②如果有某条线路连接了 24 V 电压,很有可能有大量的 CAN 接口已经被毁坏了。

③如果有某条线路接上了 0 V 电压或接地,通常不会产生损坏。找出问题后,网络会恢复正常。

CAN1 接口的连线是 0180 线(CAN 低电平)和 0181(CAN 高电平);CAN2 接口的连线是 0190 线(CAN 低电平)和 0191(CAN 高电平)。将 0180,0181,0190 和 0191 四组线从电控箱上断开。这些线可以在终端接线排上找到。关掉电源,然后再次接通。如果故障依然存在,更换主控单元。

(8)10 – ACCELERATOR PEDAL/OUT OF RANGE。

当油门踏板的电压值超出 0.25 V 到 4.75 V 的量程时,会产生这个故障。正常的油门操作时的电压范围是 5 V 到 4.5 V。5 V 供电来源于货物操作平台上的开关模块。油门踏板的输出也是连接到这个模块上的。

1)可能的原因:油门踏板故障、线路故障、货物传送开关模块问题(在货物平台控制板上)。

2)解决方案。

①用电压表测量货物平台控制板上的开关模块,测量模块背面 6 芯接头的第六号引脚(第 9616 号线)。

②如果没有电压,测量开关模块的 9 芯接头的第八号引脚(第 9600 号线)。

③检查线路。

④直接测量油门踏板接头的电压。

⑤用电阻表测量油门踏板的输出是没有意义的,因为这个踏板必须有 5 V 的供电后,才有输出。

⑥确保开关模块(SWM-1)在诊断中心(DIAGNOSTIC - NETWORK)上显示工作正常(值为 1)。

(9)11 – HAND PUMP OFF/WIRE 0311 POWERED/NO PROTECTION。

当手油泵压力开关接通(第 0311 号线)并且在手油泵液压板块上有压力时,这个故障信息会显示,如图 1 - 89 所示。这个故障告知用户该选装没有激活,因此当手油泵有压力时,防止引擎启动保护没有生效。液压板块有压力时启动引擎会损坏油缸密封圈,如图 1 - 89 所示。

1)可能的原因:手油泵选装没有安装,但第 0311 号线有供电手油泵选装已安装,但是没有激活功能。

图 1 - 89　手油泵

2)解决方案。

①如果手油泵选装已安装,在诊断中心上激活这个功能。参照本章的 OPTIONS 这一节。

②如果手油泵选装没有安装,检查 0311 号线。这条线不该有电。该线是一条白色的线,从主控单元通出来,标有"11"字样。

(10)12 - BRIDGE LIFT JOYSTICK/NO SIGNAL,13 - ELEV LIFT JOYSTICK/NO SIGNAL,14 - BRIDGE JOYSTICK/NO SIGNAL,15 - ELEV FRONT JOYSTICK/NO SIGNAL 和 16 - ELEV REAR JOYSTICK/NO SIGNAL。

当操纵杆没有与主控单元按要求通讯时,这个故障信息就会显示。

1)可能的原因:网络问题、线束问题、操纵杆故障。

2)解决方案。

①检查操纵杆背面的灯,工作正常时绿灯常亮。

②如果灯没亮,则存在供电问题,检查第 0180 和第 0181 号线。

③如果有个红灯闪烁,则有可能是网络问题或者操纵杆故障。

④如果绿灯闪烁,说明操纵杆在工作,但是它没有接受到来自主控单元的信号。最可能就是网络问题,请检查线束,参考操纵杆维护内容。

(11)20 - BRIDGE PDU 3 PROX/SENSOR LS－9,21 - BRIDGE PDU 1－2 PROX/SENSOR LS－10,22 - ELEVATOR PDU 5－6 PROX/SENSOR LS－11,23 - ELEVATOR PDU 2－3 PROX/SENSOR LS－12,24 - ELEVATOR PDU 1－4 PROX/SENSOR LS－13 和 25 - ELEVATOR PDU 7－8 PROX/SENSOR LS－14。

在平台下方有接近开关,它用来检测 PDUs 是否按要求转动方向。只要有一个传感器没有检测到 PDU 动作,就会显示这个故障信息。

1)症状：当某个 PDU 接近传感器未能检测到该 PDU 的转动时，PDU 马达将推迟运转。

2)可能的原因：接近传感器故障、线路故障、PDU 没有转动（机械或者液压问题）。

3)解决方案。

①如果 PDU 没有按照要求转动，首先要诊断排除掉这个问题。

②如果 PDU 按照要求转了，升起产生接近传感器检测失败所在的平台。观察接近传感器上面的指示灯。当 PDU 转过 90 度后，接近传感器指示灯的状态应当改变。

③如果传感器上的灯不亮，检查线路和输入/输出模块的供电。如果供电正常，则需要更换传感器。

④当有金属接近传感器前部时，传感器上的灯亮着，但是这个灯的状态一直不变化的话，传感器很有可能坏了，更换传感器。

⑤如果平台下面的每个部件都貌似正常，到诊断中心上通过路径 F2－DIAGNOSTIC—INPUTS 检查，以确定该接近传感器的功能已打开。确保在诊断中心上显示的值(0 或 1)与传感器的状态相对应。

(12)26—REAR STOP PROX/CHECK PROX LS－18。

当后挡板在升起或降下状态时，后挡板接近传感器没有检测到相应的状态，则会引发该故障。LS－18 接近传感器位于主平台后部，如图 1－90 所示。

1)症状：在这种状况下，主平台后部机构不会产生任何向后传送的动作。

2)可能的原因：后挡板动作油缸没有压力，因此后挡板在接受到动作指令后不动作；不合理的调整，传感器距离后挡板太远；LS－18 这个传感器故障；线路问题；网络模块故障。

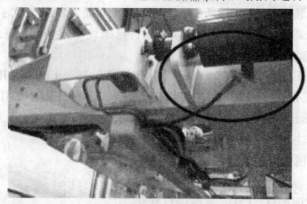

图 1－90 主平台后挡板接近传感器

3)解决方案。

①如果故障反复出现，在诊断中心按照路径：DIAGNOSTIC—INPUTS—LS－18 检查传感器是否工作正常。

②如果不正常，检查线路。

③如果线路正常，检查网络模块。

(13)27—STAB UP PROX/SENSOR LS－1（或 27－AXLE PROX DOWN for 121）和 28—STAB DOWN PROX/SENSOR LS－2（或 28－AXLE PROX UP for 121）。

在平台车的左支撑腿处有两个接近传感器。当支撑腿收起时，两个传感器同时检测到金属信号，当支撑腿放下时，两个传感器同时检测不到金属信号。如果不是这样的话，就会产生故障信息。

1)可能的原因:接近传感器故障、线路故障、支撑腿收放失败(机械或液压问题)。

2)解决方案。

①如果故障反复出现,在诊断中心按照路径 DIAGNOSTIC—INPUTS—LS-1/LS-2 检查传感器是否工作正常。

②如果不正常,检查线路。

③如果线路正常,检查网络模块。

(14)29—CHASSIS 1 MODULE/ID 8 — NO SIGNAL,30—BRIDGE 1 MODULE/ID 16 — NO SIGNAL,31—BRIDGE 2 MODULE/ID 17 — NO SIGNAL,32—ELEVATOR 1 MODULE/ ID 20 — NO SIGNAL,33—ELEVATOR 2 MODULE/ID 24 — NO SIGNAL,34—ELEVATOR 3 MODULE/ID 25 — NO SIGNAL,35—ELEVATOR 4 MODULE/ID 26 — NO SIGNAL,38— CARGO SWITCH MODULE/SWM1 — NO SIGNAL 和 39—DRIVER SWITCH MODULE/ SWM2 — NO SIGNAL。

当主控单元与某个远程网络模块失去通讯时,这个故障就会显示。

1)可能的原因:网络问题、在远程模块上没有供电、远程模块故障。

2)解决方案。

①首先要检查是否有很多终端没有通讯。如果是这样的话,很有可能是网络或者供电线路的问题。比如,当所有的主平台模块都没有反应时,这就有可能是在线路的分段点,接头处或在电控箱里的问题。

②检查模块上的绿灯,如果绿灯常亮,说明有电,但是网络没有工作。检查网络线路。正常工作时,绿灯必须是不断闪烁的。

③如果没有灯亮,那必然是供电有问题,检查线路。

④如果红灯闪烁,那有可能是网络问题或者模块故障。

(15)40—HYD LOW LEVEL/CHECK FLOAT FS-2(液压油位低液位 /检查液位传感器 FS-2)。

这样的故障会发生在当液压油箱中的液压油位过低时或是当液位传感器断开连接或是无法工作的时候,它会迫使发动机自动熄火,如图1-91所示。

1)可能的原因:电线故障、液位传感器故障。

2)解决方案。

当液压油位正常时,液位传感器是关闭的,因此主控制面板上的输入端会显示电压值。

①核实液压油油位以确保其工作正常。

②在诊断中心面板中 F2-DIAGNOSTIC/1-INPUTS,FS-2 在主控面板的输入端显示数值,若检查数值为1,则油位正常;或是0,则油位过低。

③如果数值为0,检查电线。断开液压油位传感器附近的线路连接器,在液压油箱顶端右侧。确保连接器中的电线的一端是有电的(平台车一侧)。

图1-91 液位传感器

④同时检测液位传感器插座连接器中两条电线之间的电阻。当液位正常时,连接处是关闭的。若不是,断开液位传感器并手工晃动浮标。上下调节浮标臂会使接触点从"接通"到"关断"之间切换。

⑤检查液位传感器内部的电线连接处,确保没有断路现象的出现。

(16)41—HYD LOW PRESSURE/CHECK SENSOR PS−6(液压压力过低/检查压力传感器 PS−6)。

这样的故障会发生在当液压油箱中的液压油位过低时,发动机将自行关闭,如图 1-92 所示。

图 1-92　液压低压开关

1)可能的原因:液压泵故障、电线故障、压力开关故障。

2)解决方案。

①第一件事就是检查主液压板块 TP2 中的压力值。压力最低值必须在 200 psi 以上。在这样的情况下,故障在电气系统,若不是则检查液压系统。在诊断中心的菜单中 F2−DIAGNOSTIC/1−INPUTS, PS−6 表明主控面板输入值。检查数值为 1(油位正常)或是 0(油位过低)。

②如果数值为 0,检查电线。断开压力开关附近的插头,在主板块的顶端。确保插头中的电线的 B 端是有电的(平台车一侧)。

③同时检测压力开关的插座中两个管脚 B 和 C 之间的连续性。当压力值超过 200 psi 时,接触点是会关闭的。如果不是,请更换压力开关。

(17)42—FUEL SENDER LS−29/OUT OF RANGE(燃油输送 LS−29/低油位保护)。

这个故障会出现在当燃油输送信号过低或是超出操作极限时。

1)可能的原因:传感器故障、电线故障。

2)解决方案。

①在诊断中心的菜单 F2−DIAGNOSTIC/1−INPUTS, LS−29 显示主控输入的数值。检查数值是否为 0(没有电压或是信号短路接地)。

②如果数值为 0,检查电线。断开输送油管附近的电线插头,在燃油箱的顶端。确保电线插头中的电线的一端是有电的(平台车一侧)。

③确保当你人工摆动传感器时,诊断中心中的信号是会变化的。

(18)44—RR LEFT ELEV GUIDE/CHECK PROX LS—20(RR 左主平台板/ 检查 PROX LS—20)和45—RR RIGHT ELEV GUIDE/CHECK PROX LS—19(RR 右主平台板/ 检查 PROX LS—19)。

这个问题会出现在当主平台的左侧或是右侧挡板的接近传感器(见图 1 - 93)无法检测到侧挡板预期的上下位置时。传感器的位置在主平台的两侧边靠近主平台侧挡板的前端。

图 1 - 93　侧挡板接近传感器

1)症状:主平台不上升(选装侧挡板联锁)。

2)可能的原因:侧挡板油缸上没有液压压力,因此导致侧挡板;没有按预期的位置移动调节的问题,传感器距离侧挡板过远;接近传感器故障;电线问题;网络模块故障。

3)解决方案。

①若故障反复出现,检查 DIAGNOSTIC—INPUTS—LS—XX 来确保传感器工作正常。

②若不是①中的问题,检查电线。若接近开关上没有诊断灯亮起,表明没有电力,问题可能出现在电缆上。

③若电线正常,检查网络模块。

(19)46—CARGO SWITCH MODULE/CHECK GAS-KET/VOLTAGE OUT OF RANGE(货物开关模块/检查支架/ 电压超标)和 47—DRIVER SWITCH MODULE/CHECK GASKET/VOLTAGE OUT OF RANGE(驾驶开关模块/检查支架/ 电压超标)(见图 1 - 94)。

这个故障发生在开关模块的输入端口检测到不正常的电压值。这可能发生的原因为模块侵入较多的水汽。

1)症状:没有。

2)可能的原因:水汽侵入、内部模块故障。

3)解决方案。

①检查模块支架。

②检查可能的外部水汽侵入从而影响到模块的功能使用。

图 1 - 94　货物与驾驶开关模块

③如果没有发现水汽,请更换模块。

(19)48 - BRIDGE SECURITY/RFT—7 SENSOR FAULT(桥平台安全/RFT—7 传感

器故障,见图 1-95)。

这个故障发生于安装在桥平台前端的安全装置传感器检测到剪刀支架和底盘之间发生了故障。

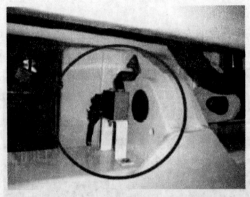

图 1-95　桥平台安全装置传感器

1)症状:桥平台升举过慢。

2)可能的原因:电线故障、传感器螺丝旋紧过紧、传感器故障。

3)解决方案。

①在诊断中心的菜单 F2-DIAGNOSTIC/1-INPUTS,RFT-7 显示主控输入的数值。检查若数值为 0,则没有电力或是信号短路接地;或为 1,则信号短路于正极。

②检查传感器连接器处是否有电力。

③检查电线是否有断开或破损的情况。

④测量传感器的阻值。A 与 B 点之间的阻值应在 5 kΩ,B 与 C 之间的阻值为 0~5 kΩ。

注意:不要将传感器螺丝旋紧得过紧,以防出现不必要的故障问题。

(20)49-BRIDGE SECURITY/FAULT ENGAGED(桥平台安全措施/故障问题)这个问题出现在当桥平台的运动发生异常时,桥平台前部在剪刀支架和底盘之间的桥平台安全装置传感器(见图 1-95)检测到当检测到故障问题后,系统会关闭发动机。

它包括以下不同的场合状况:第一个为桥平台上下自由移动但是桥平台升举开关/控制杆并未打开;第二个为桥平台的运动与要求的移动方向不一致;第三个为主平台顶起桥平台,而升举开关/控制杆并未打开。

1)症状:发动机熄火,启动发动机后 1~2 s 后熄火。

2)可能的原因:桥平台升降阀故障、主平台升降阀故障、电线问题。

3)解决方案。

①第一步检查是否存在第 48 号的问题,RFT-7 传感器故障,在处理本故障之前解决掉 48 号故障。

②检查是否与桥平台和主平台移动相关的问题。

③检查液压阀是否有卡住或是电线短接,从而误触发桥平台或是主平台的升举电磁阀的现象。

(21)54—FR LEFT ELEV GUIDE/CHECK PROX LS-22(FR 主平台左侧档板/检查 PROX LS-22)和 55—FR RIGHT ELEV GUIDE/CHECK PROX LS-21(FR 主平台右侧档板/检查 PROX LS-21)。

　　这个问题会出现在当主平台的左侧或是右侧侧挡板接近传感器无法检测到侧挡板预期的上下位置。传感器的位置在主平台的两侧,靠近主平台侧挡板的前端。

　　1)症状：主平台不上升(选装侧挡板连锁)。

　　2)可能的原因：侧挡板油缸上无液压压力,因此导致侧挡板没有按预期的方向移动;调节的问题,传感器离侧挡板过远;接近传感器故障;电线问题;网络模块故障。

　　3)解决方案。

　　①若故障反复出现,检查 DIAGNOSTIC—INPUTS—LS—XX 来确保传感器工作正常。

　　②若不是①的问题,检查电线。若接近开关上指示灯没有亮起,表明没有电力,问题可能出现在电缆上。

　　③若电线正常,检查网络模块。

　　(22)56—ELEVATOR HEIGHT/CHECK SENSOR RFT—8。

　　主平台剪刀架高度传感器(见图1-96)检测到问题时,将产生故障信号。

　　1)症状：接近车架时的主平台缓降速度启动过早或过晚,主平台没有自动停止在安全顶杆上方或是停止的位置过高。

图1-96　主平台高度传感器

　　2)可能的原因：电线故障、传感器螺丝旋紧过度、传感器故障。

　　3)解决方案：

　　①在诊断中心的菜单 F2—DIAGNOSTIC/1—INPUTS, RFT—8 显示主控输入的数值。检查若数值 < 500,则没有电力或是信号短路接地;或 > 23 000,则信号短路于正极。

　　②检查传感器连接器处是否有电压。

　　③检查电线是否有断开破损的情况。

　　④测量传感器的阻值。A 与 B 点之间的阻值应在 5 kΩ,B 与 C 之间为 0~5 kΩ。

　　注意:不要将传感器固定螺丝旋紧得过紧,以防出现不必要的问题故障。

　　注意:总是在拆卸下传感器后,重新设置其零点。

　　(23)57—ELEVATOR HEIGHT/DO SETUP TO ADJUST。

　　这个会在校对主平台高度传感器显示过低时出现故障信息。

　　1)症状：接近车架时主平台缓降启动过晚,主平台停止过于靠近安全顶杆。

　　2)可能的原因：电线故障、传感器螺丝旋紧过紧、传感器故障。

　　3)解决方案。

①在菜单中 CONFIGURATION 选项中选择设置(45—ELEV 最低高度调节)。

②如果设置后仍无法解决问题,检查在诊断中心的菜单 F2—DIAGNOSTIC/1—IN-PUTS, RFT—8 显示主控输入的数值。检查若数值< 500,则没有电力或是信号短路接地;或数值> 23 000,则信号短路于正极。

③检查传感器连接器处是否有电压。

④检查电线是否有断开破损的情况。

⑤测量传感器的阻值。A 与 B 点之间的阻值应在 5 kΩ,B 与 C 之间为 0~5 kΩ。

注意:不要将传感器螺丝旋紧得过紧,以防出现不必要的问题故障。

注意:总是在拆卸下传感器后,重新设置其零点。

4)ERASE ALL ENTRIES(删除故障记录,见图 1-97);返回故障显示(ERROR LOG)菜单,可以删除在诊断中心上的故障记录;当选择了 ERASE ALL ENTRIES 这个选项后,会显示一个请求确认画面;按(ok)确认清除所有的故障信息或者按(ESC)取消清除;只有已经解决掉的故障才能被删除。

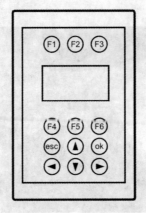

图 1-97　诊断中心——清除全部故障记录

5)ENGINE CODES(见图 1-98);当 ENGINE CODES (发动机代码)被选定后,每一页会显示一个发动机的故障代码。

如果故障多的话,使用(↑)或(↓)或(→)或(←)浏览故障,SPN 和 FMI 对应一个故障。查阅发动机手册关于这方面故障的描述。

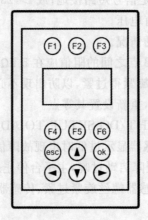

图 1-98　诊断中心——发动机故障代码

1.8.7 故障诊断中心菜单 F5 操作功能介绍

菜单 F5—INFORMATION ENGINE 显示发动机信息,比如说冷却温度,运转时间,发动机转速等。菜单 F5—INFORMATION 操作步骤如下。

(1)SYSTEM STATUS:显示系统变量,来协助查找平台车对某些或所有命令没有反应的原因,或者无法启动的原因,如图 1-99 所示。所有阻碍动作的状态或连锁,都在此显示。

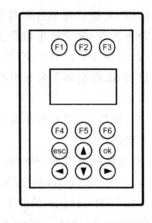

图 1-99 诊断中心——系统信息

(2)HISTORY:这部分显示平台车的历史数据。

(3)VERSION:软件部分号码和版本。

操作步骤如下。

打开电控箱,在门背后找到诊断中心面板;按(F5)选择 INFORMATION 菜单;使用(↑)或(↓)选择所需功能,按(ok)确认;使用(↑)或(↓)或(→)或(→)按钮在列表上浏览信息;按(esc)返回 INFORMATION 菜单。

1.8.8 诊断中心菜单 OPTIONS SETUP 功能介绍

菜单 OPTIONS SETUP 是为不同版本和选装的平台车设定相应的软件程序。同一个软件版本,会因车辆不同而有设置上的差异。

1.操作步骤

打开电控箱,在门背后找到诊断中心面板;关闭车辆电源;同时按住(F4)(F5)和(F6)以选择 OPTIONS SETUP 菜单,不要放开;打开电源,等到 OPTIONS SETUP 菜单显示出来(大约需要 6 s);使用(↑)或(↓)选择选项;按(ok)改变数值(各类选装选择,见图 1-100);有必要的话改变其他选项;关闭电源退出该菜单。

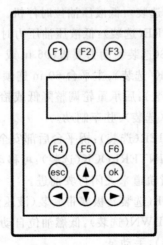

图 1-100 诊断中心——选装设置

2.举例

(1)选项显示:"01-838STD"。

1)按 ok 将会将平台车类型改成"01-838WID"。

2)再次按 ok 会将平台车类型改成"01-838COM",以此类推。

(2)选项显示:"07-ELEV JOYSTICK 0"。

1)按 ok 将会将平台车类型改成"07-ELEV JOYSTICK 1",该选项的末尾为 1 表示该选项被激活。

2)再次按 ok 将平台车类型改成"07-ELEV JOYSTICK 0",以此类推,当末尾为 0 时,表示没有激活。

(3)选项列表 TXL-838。

1)01- 838STD:144 in 长的主平台和桥平台,96 in 宽。

①838WID:144 in 长的主平台和桥平台,125 in 宽。

②838COM:144 in 长的主平台和 225 in 长的桥平台,96 in 宽。

③838UNI:144 in 长的主平台和 225 in 长的桥平台,125 in 宽。

④838SUP:189 in 长的主平台和 225 in 宽的桥平台,125 in 宽。

2)07-ELEV JOYSTICK 是否安装主平台举升操作手柄。

3)08-BRIDGE JOYSTICK 是否安装桥平台举升操作手柄。

4)09-DELUXE JOYSTICK 是否安装豪华版操纵杆。

5)15- ENGINE C4.4 T3 安装卡特彼勒 C4.4 三阶段发动机,DEUTZ 2012 EMR2 安装道依茨 2012 三阶段发动机。

6)20- ELEVATOR P0 主平台没有设置 PDU(只有滚筒),ELEVATOR P4 主平台后端设置 4 个 PDU,ELEVATOR P6 主平台后端设置 6 个 PDU,ELEVATOR P8 主平台后端设置 6 个 PDU,前部设置 2 个 PDU。

7)30- BRIDGE:P01 桥平台没有设置 PDU(只有滚筒);BRIDGE P1 桥平台中央设置 1 个 PDU;BRIDGE P2 桥平台前端设置 2 个 PDU;BRIDGE P3 桥平台中央设置 1 个 PDU,前端设置 2 个 PDU。

8)40-LOW HYD LEVEL(选装):低液压油位时停机。

9)41-LOW HYD PRESSURE(选装):低液压油压力时停机。

10)42-POWERED TRAYS(选装):动力翼板(96 in 或 125 in)。

11)43-60 IN. INTERLOCK(选装):主平台 60 in 连锁。

12)45-REAR ADJUST(选装):后承重轮调整降低或抬高底盘。

13)46-PARKING BRAKE(选装):驻车制动。

14)47-BRIDGE RR BARRIER(选装):桥平台后部安全挡板。

15)48-CONSOLE DRIVE INTERLOCK(选装):可移动控制台或是当控制台没有完全收回时,安装动力控制操作台侧滑轨道来关闭行驶前进。

16)50-OIL RECIRCULATE(选装):极寒带套装(液压油再循环系统)。

17)51-LOW FUEL SHUTDWN(选装):低燃油位自动关机。

18)52-HAND PUMP(选装):手动泵。

19)53-BRIDGE AUTOLEVEL(选装):桥平台自动对平飞机舱门。

20)54-MARKER LIGHTS(选装):主平台和发动机机舱中的标志灯。

21)55-DISABLE ERROR LAMP(选装):关闭货物控制台上的故障灯。

22)56—SIDE GUIDES INTLK(选装):主平台侧挡板连锁(标配)。

23)57—SENSITIVE GUIDES(选装):主平台上的侧挡板更加敏感并且带有减压的联锁。

24)58—BRIDGE ALARM(选装):桥平台升降时发出警报。

25)59—ELEVATOR FRONT(选装):同时激活主平台前部。

26)60—BRIDGE SECURITY:监督桥平台的高度以防止意外移动(标配)。

27)61—LHS TRAY A380:只有 LHS 的下侧甲板的 A380 外部侧翼门,才允许降低平台。

28)62—AIRCRAFT DETECT(选装):停靠飞机时减速停止平台车。

29)63—UNDER BRIDGE BEACON(选装):桥平台前端的工作灯,表示桥平台正在工作。

30)64—ALL GUIDES DOWN(选装):即使当主平台与桥平台持平时,降低主平台侧板以及后挡板。

注意:你需要相应的硬件设备来支持以上选装,否则会在诊断中心上出现故障信息。

(4)OPTIONS LIST 929—C:05— 929 929 型号、929S 929S 型号和 121 121 型号。

1)09—ELEV JOYSTICK 是否安装桥平台举升操作手柄。

2)10—BRIDGE JOYSTICK 是否安装桥平台举升操作手柄。

3)11—DELUXE JOYSTICK 是否安装豪华版操作手柄。

4)12—ELEV DUAL ROTATE:主平台后部旋转 929 标配 121 选装。

5)15— ENGINE C4.4 T3 安装卡特彼勒 C4.4 三阶段发动机,ENGINE C4.4 T4 安装卡特彼勒 C4.4 四阶段发动机;DEUTZ 2012 安装道依茨 2012 三阶段发动机。

6)30—BRIDGE SIDE SHIFT:桥平台配置侧向移动(有万向轮)。

7)40—LOW HYD LEVEL(选装):低液压油位时停机。

8)41—LOW HYD PRESSURE(选装):低液压油压力时停机。

9)43—60 in. INTERLOCK(选装):主平台 60 in 联锁。

10)45—ALTERNATE SLOW STOP(选装):主平台停止在预定的比底部略高的位置(929)。

11)46—AUTO PARKING BRAKE(选装):驻车制动。

12)48—CONSOLE DRIVE INTERLOCK(选装):可移动控制台或是当控制台没有完全收回时,安装动力控制操作台侧滑轨道来关闭行驶前进。

13)50—OIL RECIRCULATE(选装):极寒带套装(液压油再循环系统)。

14)51—LOW FUEL SHUTDWN(选装):低燃油位自动关机。

15)52—HAND PUMP(选装):手动泵。

16)53—BRIDGE AUTOLEVEL(选装):桥平台自动对齐飞机舱门。

17)54—MARKER LIGHTS(选装):主平台和发动机机舱中的标志灯。

18)55—DISABLE ERROR LAMP(选装):关闭货物控制台上的故障灯。

19)56—SIDE GUIDES INTLK(选装):主平台侧挡板连锁(标配)。

20)57—SENSITIVE GUIDES(选装):主平台上的侧板更加敏感并且带有减压的连锁。

21)58—BRIDGE ALARM(选装):桥平台升降时发出警报。

22)60—BRIDGE SECURITY:监督桥平台的高度以防止意外移动(标配)。

23)62—AIRCRAFT DETECT(选装):接近飞机时减速停止平台车。

24)63—UNDER BRIDGE BEACON(选装):桥平台前端的工作灯,表示桥平台正在工作。

25)64—ALL GUIDES DOWN(选装):即使当主平台与桥平台持平时,降低主平台侧档板以及后挡板。

注意:你需要相应的硬件设备来支持以上选装,否则会在诊断中心上出现故障信息。

1.9 平台车维修

1.9.1 平台车维修流程

在进行维修之前,用户必须首先阅读手册相关内容,熟悉车辆相关的安全装置。请勿在封闭的场合使用平台车,呼吸尾气可能导致死亡;在未经培训和授权前请勿操作平台车。在进入平台下方工作前请务必移去货物并撑起保险,否则可能导致受伤或致死。

1.启动前打开进油总阀(见图1-101)

第一次启动平台车前,须要确保液压油箱上的进油总阀被完全打开。手柄必须与通向发动机的主液压泵上的进油管方向一致平行。如果此阀未打开而启动平台车会损坏液压泵。

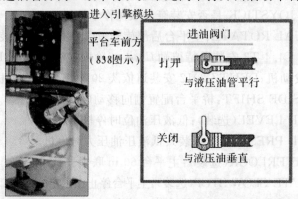

图1-101 打开进油总阀

2.拖动后行驶功能恢复

平台车被牵引后,确定牵引旁通阀设置到驾驶状态,如图1-102所示。这样才能使前轮可以动作,而且在驾驶平台车以前必须这么做。

牵引旁通阀在主液压板块的左侧,逆时针转动该阀,使平台车处于行使状态。反之则使平台能被牵引状态。
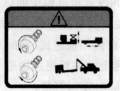
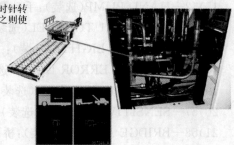

图1-102 打开牵引旁通阀

3.平台车急停开关按钮

急停开关按钮(见图1-103)一般位于驾驶台上货物操作面板上和电气箱门上,别的位置也可以选装,如果平台车不能正常操作,在尝试其他方法之前,立刻压下任何一个急停开关,在问题解决以前不要重新启动平台车,除非有权威的技术人员为了解决问题而需要这么做。

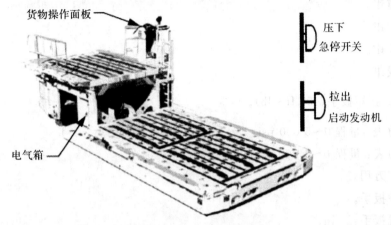

货物操作面板

电气箱

压下
急停开关

拉出
启动发动机

图 1-103　急停开关按钮

在操作车辆之前,必须了解急停开关的位置。

在平台车上工作之前,总是按下急停开关作为安全预防措施,以防止别人误启动平台车而造成危险。要启动平台车的话,必须两个急停开关都拉出。

4.平台车维护保养及修理常用工具

平台车保养维护及修理过程中可能会使用的工具:

(1)全套组合扳手:$\frac{3}{8}$ in,$\frac{7}{16}$ in,$\frac{1}{2}$ in,$\frac{9}{16}$ in,$\frac{5}{8}$ in,$\frac{11}{16}$ in,$\frac{3}{4}$ in,$\frac{13}{16}$ in,$\frac{7}{8}$ in,$\frac{15}{16}$ in,1 in,$1\frac{1}{16}$ in,$1\frac{1}{8}$ in,$1\frac{1}{4}$ in,$1\frac{3}{8}$ in,$1\frac{1}{2}$ in,$1\frac{7}{8}$ in,2 in。

(2)全套长套筒扳手$\frac{3}{8}$系列:$\frac{3}{8}$ in,$\frac{7}{16}$ in,$\frac{1}{2}$ in,$\frac{9}{16}$ in,$\frac{5}{8}$ in,$\frac{11}{16}$ in,$\frac{3}{4}$ in,$\frac{7}{8}$ in,1 in。

(3)全套长套筒扳手$\frac{1}{2}$系列:1 in,$1\frac{1}{16}$ in,$1\frac{1}{8}$ in,$1\frac{1}{4}$ in。

(4)气动扳手套筒$\frac{3}{4}$系列:$1\frac{1}{8}$ in,$1\frac{3}{16}$ in。

(5)活动扳手:6 in,8 in,10 in,12 in,18 in。

(6)镊子(用于O型圈)。

(7)快速扳杆:$\frac{3}{8}$ in四方头及$\frac{1}{2}$ in四方头。

(8)加长套筒($\frac{1}{2}$ in四方头):1 in。

(9)内六角板手:o公制1.5~10 cm,标准$\frac{3}{32}$~$\frac{3}{8}$ in,大型$\frac{5}{8}$ in,$\frac{9}{10}$ in,$\frac{3}{4}$ in。

(10)开口扳手:$1\frac{1}{2}$。

(11)钩形板手:52～55 mm。

(12)活动板手:2～4 $\frac{3}{4}$ in,管脚型号。

(13)螺丝起子。

(14)管道钳。

(15)钢丝钳。

(16)斜口钳。

(17)剥线钳。

(18) $\frac{3}{4}$ in扭矩扳手(450 ft·lb)。

(19)压力表:量程0～5 000 psi。

(20)压力表:量程0～1 000 psi。

(21)数字万用表。

(22)油滤扳手。

(23)管线扳手:24 in。

(24)转速表:红外测速。

1.9.2 平台车控制模块日常维护

1. 输入/输出模块的更换

当某个输入/输出模块故障,需要更换时,卸掉所有接头,并记住它们原先的位置。更换模块。

打开盖子,如图1-104所示,将3个旋转开关S1,S2和S3设置成跟换下来的模块一样,或者根据电路图上的说明设置。

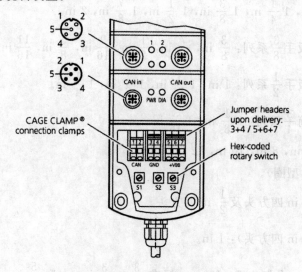

图1-104 输入/输出模块

所有的模块上都有一个红灯和一个绿灯来显示它们的状态。表1-1显示了不同的情况。

表 1-1　输入/输出模块诊断灯

诊断灯	状态	描　述
PWR(绿色)	关闭	无电源电压
	打开	待机模式
		CAN 打开:准备阶段
		输出关闭
	2.0 Hz	工作状态
		CAN 打开:工作模式
		输出升级
DIA(红色)	关闭	通讯正常
	打开	通讯干扰
		节点保护
		没有同步对象
IN(黄色)	打开	输出开关
	2.0 Hz	故障诊断
OUT(黄色)	打开	双输出:输出开关打开
		模拟输出:PWM 预设值不为零

2.主控制单元模块的更换

更换主控单元(见图 1-105)时,必须要输入程序,通常是专业服务人员来做的。当接好该模块后,绿色状态灯以 5 次/s 速度闪烁,说明里面没有程序,联系厂家提供售后服务。具体操作步骤如下。

(1)卸下 4 个固定螺栓,拆下模块。

(2)拉开金属卡扣,卸下接头。

(3)安装新模块。

(4)装上接头,插紧后用金属卡扣卡住。

(5)打开电源。

(6)绿色状态灯应当以 2 次/s 的速度闪烁。如果它常亮,那说明输入程序有问题,软件无法运行。

图 1-105　主控单元

每台车的软件都是独特的,不建议把一辆车的主控单元换到另一台车上。主控单元的软件信息和诊断中心的软件版本信息在诊断中心开机画面上显示。

3.主控制单元程序输入

主控单元重新输入程序,需要一根专用数据线,例如:TLD 件号为 054496,如果电脑上没有串行口,则另外需要一个 USB 转 RS232 的转接器。不是所有的转接器都能使用,因此建议使用与件号相匹配的转接器。

现在以 TLD 平台车为例,进行主控制单元程序输入操作讲解,输入程序需要用到被称为"Downloader"的软件。软件界面如图 1-106 所示。

图 1-106 Downloader 软件界面

通过如图 1-107 所示的通信电缆,把电脑连接上。

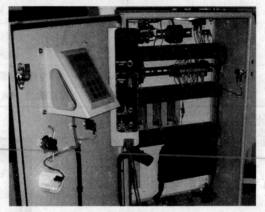

图 1-107 通信电缆的链接

确保电控箱上与主控单元和 0324 号线连接的灯亮着,这表明主控单元可以输入程序。如果 0324 号线没有供电,则会产生一个通讯故障,点击菜单"Interface",然后选择"RS232",如图 1-108 所示。

图 1-108 软件 RS232 界面的选择

程序界面 RS232 端口设定,选择电脑上使用的对应的 COM 端口(见图 1-109)来与 PLC 连接,然后点击 OK。与电脑技术支持联系,以确定电脑上的端口号。

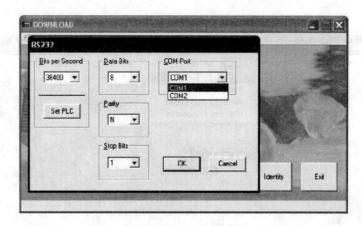

图 1 - 109　选择通信 COM 端口

参数的传输速率并不是很重要,因为软件会自动确定合适的设置。

根据电脑上安装的操作系统的不同,有可能会产生通讯问题。如果你使用的是中文版的 Windows 操作系统,需要按照下列方法进行设定,XP 系统不需照此设定。

进入控制面板(见图 1 - 110) - ＞区域和语言选项 - ＞高级 - ＞键盘和语言 - ＞英语(美国) - ＞应用。

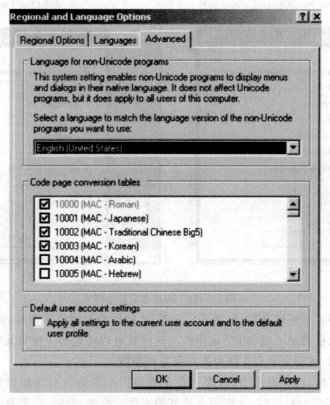

图 1 - 110　控制面板的操作

点击菜单"Options",然后选择"File Options",如图 1 - 111 所示。

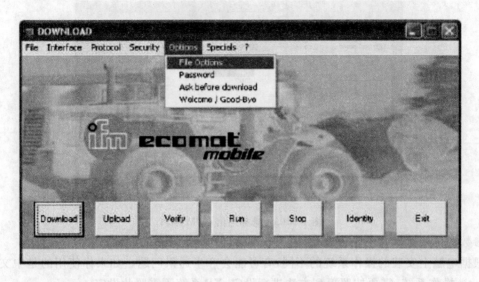

图 1-111　File Options 的选择

严格按照如图 1-112 所示流程上传程序，从 PLC 到电脑。

WITHOUT THE PARAMETERS（不带参数）　　　　　WITH THE PARAMETER（带参数）

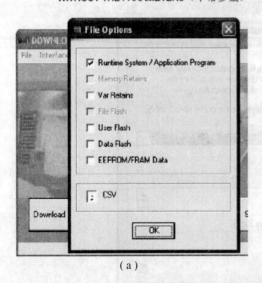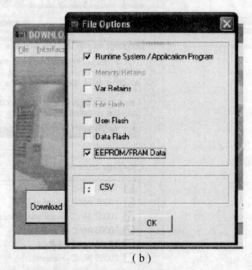

（a）　　　　　　　　　　　　　　　（b）

图 1-112　程序参数的选择

在网上的程序不含任何参数，包括平台速度、比例阀的初始值等参数，如果更换主控单元，这个新的主控单元依然是可以和 PC 通讯的。这样就可以将老的主控单元里面所保存的参数值复制到新的里面，从而为平台车保留原先设定的参数。

如果输入程序时，没有附带参数，则平台车要按照手册的流程重新设置。仅仅在需要从 PLC 里面上传程序到电脑里时，才按照本章节的流程来操作，否则，不需要进行下列操作。

（1）点击上传 Upload 的按钮，把 PLC 里的程序传输到电脑中，如图 1-113 所示。

图 1 - 113　上传(Upload)按钮的界面操作

输入文件名,选择存放位置,如图 1 - 114 所示。

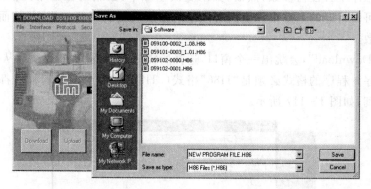

图 1 - 114　输入文件名

点击"Save",这样 PLC 里面的程序就会上传到电脑中,这部分是将电脑中的程序,下载到 PLC 中。

(2)选择菜单"Options",然后点击"File Options",如图 1 - 115 所示。

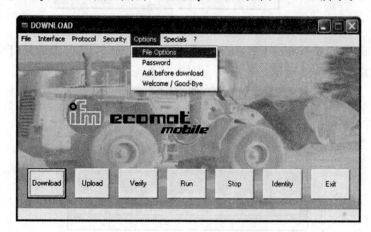

图 1 - 115　File Options 的选择

按照如图 1 - 116 所示流程上传程序。

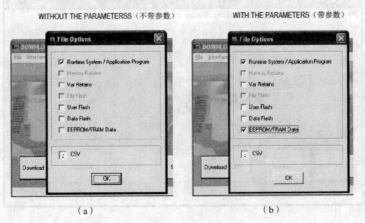

图 1 - 116　程序上传

在网上的程序不含任何参数,然而,如果更换主控单元,新的主控单元依然是可以和 PC 通讯的。这样可以将老的主控单元里面所保存的参数值复制到新的里面,从而为平台车保留原先设定的参数

(3)点击"Download",会跳出一个窗口,选择所需下载的程序,新程序或从别的 PLC 里面上传下来的程序。程序的格式必须是"H86"格式(.H86)。每个设备的程序都可以在厂家的网站上下载得到,如图 1 - 117 所示。

图 1 - 117　程序下载的操作

(4)下载完成后,点击按钮 RUN,运行该程序。与此同时,PLC 上的绿灯会开始闪烁,以指示开始运转,如图 1 - 118 所示。

图 1 - 118　程序运行的操作

若诊断灯是黄色或红色,按以下步骤操作。

1)按图 1-119 路径选择。

图 1-119　选择路径

2)这将发送一个重新设置命令给 PLC,此时界面会显示如图 1-120 所示。

图 1-120　关闭电源操作界面

关闭电源,5 s 以后再打开。点击 OK 按钮,关掉这个窗口。这时绿色诊断灯会快速闪动,频率大约为 5 次/s。操作系统和软件都需要重新输入,重复上面的步骤。

1.9.3　液压油泵及行驶油路压力设定维护

1. 主液压板块油泵设定步骤

当液压油泵拆卸或更换过后,或者油泵的设定被篡改。在此情况下,按照以下油泵设定步骤操作。确保液压油箱中的液压油满足在对应的操作环境中的温度下的流动性要求,禁止使用 ATF 液压油。

在首次发动平台车之前,要保证进油阀全开。扳手方向应与液压油管方向平行。如果发动机启动后,该阀没有打开,有可能损伤液压油泵,如图 1-121 所示。

用量程为 0~350 bar 或 0~5 000 psi 的压力表,通过主液压板块上的测试口测试压力,如图 1-122 所示。

图 1-121　油阀的打开操作

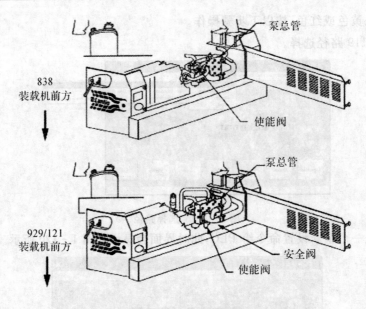

图 1-122　系统压力的测试

　　主液压板块油泵设定步骤如下。油泵出厂时已设定好。如果更换了新的油泵,一般也不需要对其做调整。

　　(1)对油泵排空气。

　　(2)切断发动机上燃油供油阀和在油泵板块油泵使能阀的电路。打开启动开关,启动马达转动,每 10 s 后停止,停止 10 s 后再次打开,共进行 6 次。最后一次启动完后,油泵附近的系统压力应当在 17.2~41.4 bar 或 250~600 psi 之间,关闭电源关掉启动开关。

　　(3)重新连接好燃油供油阀的电路。检查液压油位,适当补充。启动发动机。检查系统压力,应当小于 41.4 bar 或 600 psi。新款平台车的液压泵上有微调装置,找到不同型号的油泵微调螺栓的位置。如果此处的系统压力大于 41.4 bar/600 psi,松开微调螺栓上的锁紧螺母。顺时针转动,直到系统压力在急速下达到 31~34.5 bar 或 450~500 psi。拧紧锁紧螺母,画好标记,以记录该位置。

　　(4)关闭发动机。卸掉泵上的出气口原装堵头,让空气排出,直到不再冒气泡后,装上金属螺栓堵头。

　　(5)重新连接好油泵使能阀(SV-73)。启动发动机,急速运转 1 min。顺时针旋转压力调节螺栓直到系统压力达到 1 035 bar/1 500 psi。

　　2.主液压板块油泵设定压力调节

　　(1)急速运转一段时间,检查油泵和液压板块有无渗漏下一步是压力调节,参照相关手册部分,获取不同型号的液压泵上面的相关信息。

　　(2)顺时针旋转压力切断泵上调节螺栓,直到泵上的测试端口所测压力为 214 bar/3 100 psi。如果达不到压力,则顺时针调节泵板块的底部卸压阀,每次一圈,直到达到希望值。松开系统卸压阀上泵板块底部的锁紧螺母。顺时针旋转卸压螺栓直到无法继续转动。顺时针转动泵压力,切断螺栓直到系统压力为 250 bar/3 600 psi。

　　(3)逆时针旋转卸压阀上面泵板块的底部的调节螺栓,直到系统压力降至 241 bar/3 500 psi。拧紧锁紧螺母,打上记号以记录该位置。

(4)逆时针旋转压力切断调节泵上螺栓,直到系统压力降至 214 bar/3 100 psi。拧紧锁紧螺母,打上记号以记录该位置。按照下节的流程继续调节行驶压力。

(5)顺时针旋转压力切断泵上调节螺栓,直到泵上的测试端口所测压力为 214 bar/4 100 psi。如果达不到压力,则顺时针调节泵板块的底部卸压阀,每次一圈直到达到设定值。松开系统卸压阀上的泵板块底部锁紧螺母。顺时针旋转卸压螺栓直到无法继续转动。顺时针转动泵压力,切断螺栓直到系统压力为 310 bar/4 500 psi。

(6)逆时针旋转卸压阀上面泵板块的底部的调节螺栓,直到系统压力降至 300 bar/4 400 psi。拧紧锁紧螺母,打上记号以记录该位置。

(7)逆时针旋转压力切断调节泵上螺栓,直到系统压力降至 250 bar/3 600 psi。拧紧锁紧螺母,打上记号以记录该位置。

(8)松开第二压力减压阀装置的螺母,逆时针旋转压力切断调节螺栓直到压力值降为 210 bar/3 000 psi。重新拧紧螺母并打上记号以记录该位置。

(9)按照下面的流程继续调节行驶压力。

(10)顺时针旋转压力切断调节螺栓直到泵上的测试端口所测压力为 214 bar/4 500 psi。如果达不到压力,则顺时针调节泵板块的底部卸压阀,每次一圈,直到达到希望值。松开系统泵板块底部卸压阀上的锁紧螺母,顺时针旋转卸压螺栓直到无法继续转动。顺时针转动泵压力,切断螺栓直到系统压力为 330 bar/4 800 psi。

(11)逆时针旋转泵板块的底部卸压阀上面的调节螺栓,直到系统压力降至 327 bar/4 750 psi。拧紧锁紧螺母,打上记号以记录该位置。

(12)逆时针旋转压力切断调节螺栓(泵上),直到系统压力降至 310 bar/4 500 psi。拧紧锁紧螺母,打上记号以记录该位置。

(13)松开第二压力减压阀装置的螺母,逆时针旋转压力切断调节螺栓直到压力值降为 210 bar/3 000 psi。

重新拧紧螺母并打上记号以记录该位置。

(14)按照下节的流程继续调节行驶压力。

选择 HIGH DEMAND 操作,位于 F1-OPERATION 诊断中心的菜单,使发动机转速最大,并使用 SV-73 阀,激活泵功能,参照手册章节,对于不同型号的泵调节的螺丝位置。

行驶油路压力设定,平台车液压板块当前桥的一只或两只油马达拆卸或更换后,按照一下步骤设定驱动回路压力,将量程 0~70 bar 或者 0~1 000 psi 的压力表,放到测试端口上,端口位于主板块的尾部,如图 1-123 所示,标有 C.P 字样。

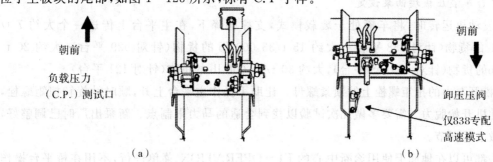

(a)　　　　　　　　　　　(b)

图 1-123　测试端口的位置

①松开大卸压阀上的锁紧螺母，如图 1－123 所示。

②确保两个急停开关都处于拔出状态，启动发动机。选择装载模式，支撑腿放下。在助手的协助下，在诊断中心上选择 F1 － OPERATION 菜单上的 LOW DEMAND 功能。

③旋转卸压阀上的调节螺栓只到液压表上的读数为 22.4 bar/325 psi，上紧锁紧螺母，打上记号，以记录该位置。

④拆卸下主板块上的压力表。注意：有些平台车具有快速模式，仍要继续驾驶回路的压力设置。

⑤将量程 0～70 bar/0～1 000 psi 压力表接到测试接头上，使用 SV－72 和小压力减压阀，进行测试，测试接头位置如图 1－124 所示。

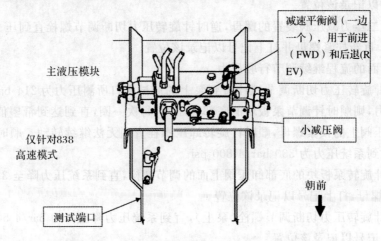

减速平衡阀（一边一个），用于前进（FWD）和后退(REV)

主液压模块

小减压阀

仅针对838
高速模式

朝前

测试端口

图 1－124　测试口位置和卸压阀

松开小卸压阀上的锁紧螺母，如图 1－124 所示。

⑥确保两个急停开关都处于拔出状态，启动发动机。选择装载模式，支撑腿放下。在助手的协助下，在诊断中心上选择 F1 － OPERATION 菜单上的 LOW DEMAND 功能。

⑦旋转卸压阀上的调节螺栓知道表上读数为 22.4 bar/325 psi。上紧锁紧螺母，打上记号，以记录该位置。

⑧卸掉压力表。

⑨参照手册，继续油泵设置。

3.平台车液压板块油泵设定

(1)发动机运转时，将车辆处于装载模式，支撑腿降下，在主平台上传送一个大约 7 t/15 000 lb 的货物（针对 838 平台），大约 15 t/33 000 lb 的货物（针对 929 平台），大约 20 t/44 000 lb 的货物（针对 929－S 平台），大约 30 t/66 000 lb 的货物（针对 121 平台）。

(2)松开泵上的扭矩螺栓上的锁紧螺母。让助手操作主平台上升，顺时针旋转扭矩螺栓，直到发动机开始脱力。需要多做几次试验以找到合适的马力限制点。新泵出厂时已调整好，不需要做上述调节。

这些都可以在地面上使用诊断中心的 F1－OPERATION 菜单进行，不用在桥平台操作台上，使用主平台快速或慢速举升功能，然后使用上下箭头，升高或降低主平台。

（3）缓慢回转扭矩螺栓，从刚才发动机开始脱力的位置起逆时针缓慢调节。直到主平台能够抬起负载。拧紧锁紧螺母，打上标记，以记录该位置。

参照手册部分，找到不同型号液压泵上调节阀的位置。

（4）降低主平台，撤掉测试负载，关闭电源。

1）拆掉所有压力表，盖上测试接头盖子。

2）检查液压油位，适量加油。

3）调整发动机息速（RPM），低转速（LOW RPM）和高转速（HIGH RPM），按照手册中的方法调节。按要求调节桥平台上升下降速度。参考手册中的描述，设定两个平台的传送速度制动距离，如果需要调节刹车/减速阀，建议参照手册部分。可能需要多次试验进行调整。不需要频繁调节，除非更换旧的阀。

桥平台液压板块和主平台液压板块位置是完全一样的，只是上面的阀的配置不同（见图 1－125）。

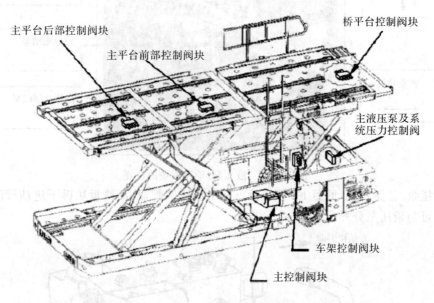

图 1－125　液压控制系统六个控制阀块的分布

1.9.4　平台车日常维护主要作业

1. 液压泵的装卸

更换液压泵时，同时更换挠性连接片。安装液压泵时，不可使液压泵轴承承受重量，在旋紧固定螺丝前用吊索支撑液压泵重量。如挠性连接片因一时支撑液压泵重量发生扭曲，虽肉眼不可见其损伤，但挠性连接片必沿安装时受力部位提前损坏。如挠性连接片因扭曲而不平衡，液压泵轴将提前损坏，势必将再次更换液压泵。

打开引擎模组并固定在全开位置。将进油阀关掉（见图 1－126），拆开电瓶接头。

按如图 1－127 所示，找到液压泵/油路板块及其他相关零件。在液压泵下方放置一油盆。

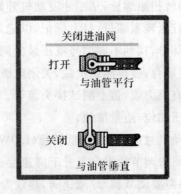

图 1-126 关闭进油阀

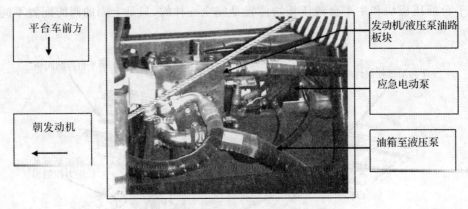

图 1-127 液压泵/油路板块的位置

从液压泵/油路板块(见图 1-128)拆下四根液压钢管,从油路板块拆下进油管法兰,此时油路板块可与液压泵分开。

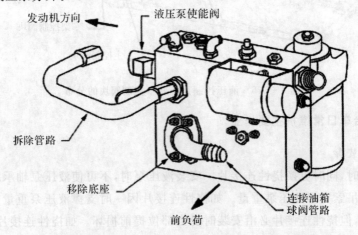

图 1-128 液压泵油路板块

拆开 SV-31 液压泵使能阀的电线,将油路板块与紧急电动泵一起拆下,暂时搁置在引擎模组上,用 5/16 in 扳手拆开两个固定液压泵与接座壳体的螺丝之前,先用吊索将液压泵支撑好。

装新液压泵前先检查接座板的齿槽,如齿槽已磨损则更换之。

用防黏咬油脂涂在接座板及液压泵轴的齿槽上。将液压泵轴对准接座板并插入,对准固定螺丝孔,将螺丝穿入孔内,按照图 1-129 所示的两个步骤平均旋紧。装上四个螺丝将进油管法兰固定在油路板块上同时固定液压泵。按照图 1-129 所示第二步平均旋紧以避免在油路板块上产生残余应力。

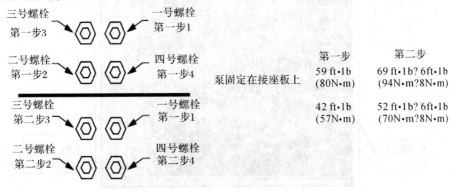

	第一步	第二步
泵固定在接座板上	59 ft·lb (80N·m)	69 ft·lb? 6ft·lb (94N·m? 8N·m)
	42 ft·lb (57N·m)	52 ft·lb? 6ft·lb (70N·m? 8N·m)

三号螺栓 第一步3 一号螺栓 第一步1
二号螺栓 第一步2 四号螺栓 第一步4
三号螺栓 第二步3 一号螺栓 第一步1
二号螺栓 第二步2 四号螺栓 第二步4

图 1-129　两步拧紧法

装回 SV-31 液压泵使能阀的电线,将三根液压钢管装在油路板块上,先用手旋紧接头至不能再转动时,如图 1-130 所示,在接头上作记号,用工具再转动两个六角形的平面即是合适的紧度,如接头已沾有液压油则旋紧扭矩将改变。

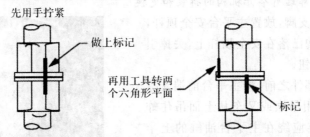

先用手拧紧　做上标记　再用工具转两个六角形平面　标记

图 1-130　拧紧油管接头的步骤

检查液压油箱到液压泵的进油管是否漏油,接头是否已上紧。如进油管漏气,将产生气穴而损坏液压泵。

将桥、主平台放到底检查液压油面。打开液压油箱上的进油阀。启动引擎操作平台车前,应先执行液压泵起动程序。

2. 发动机装卸和更换

打开引擎(见图 1-131)模组并固定在全开位置。拆下引擎室前门。拆开引擎后部的电缆接头。

如引擎有外置水箱,放水并从引擎拆下水管。如有装附水箱,拆下附水箱、水箱及风扇。从排气歧管上拆下排气管,从进气歧管拆下空气进气管,关掉柴油关闭阀,拆掉进油及回油管并加以封闭以防止漏油,拆下引擎脚螺丝,用一吊索将引擎从引擎模组吊出。

将所有的辅助性设备例如交流发电机、散热器、起动机和寒带启动套装,从原有的旧发动机上转装在现在新的发动机上。

用引擎吊索吊起引擎,将引擎放入引擎模组,放置时注意不可碰撞电瓶或其他零件。将引擎对正引擎脚并旋紧引擎脚螺丝。装回风扇、水箱及水管,装水箱时注意护罩与风扇的间隙要平均。将水箱中加入引擎制造商规定的冷却液。装回引擎室前门,装回油管及电缆,装回进气管及排气管,打开柴油关闭阀,按照要求装回液压泵。

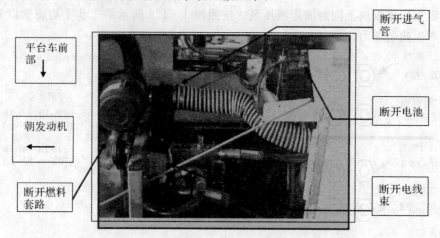

图1-131 拆装引擎

将各平台放到底,检查液压油面。打开液压油箱上的进油阀。启动引擎操作平台车前,应先执行液压起动程序。启动引擎,并检查燃油,润滑油和冷却剂是否存在泄漏。

3. 主平台油缸/蚱蜢臂举升机构的拆装和更换

启动引擎,放下支脚,放置主平台安全顶杆,确定主平台升举机构已落在安全顶杆上,关掉引擎,推入紧急关车按钮。

在拆卸任何零部件之前,将主平台前端支撑使其不能移动。并用吊索或叉车从上面吊住蚱蜢臂升举机构,吊链应绕在主平台油缸的上半部,如图1-132所示。

在油缸下端的地面放一油盆,拆掉油管将油缸内的油排放掉。

图1-132 吊链绕在主平台油缸的上半部

注意:更换油缸并不需要拆下蚱蜢臂升举机构。更换油缸时,拆出蚱蜢臂升举机构的下销,用吊索或叉车吊住油缸,转动油缸使成水平位置,拆出油缸活塞上的销子,拆出油缸。

拆蚱蜢臂升举机构时,拆掉固定上销的螺丝,拆出上销使升举臂与平台分开,如图1-133所示。

在油缸下端的地面放一油盆,拆掉油管。如果备有外接液压动力组,接在油缸上将油缸收到底。如果无外接液压动力组,从油缸底部的板块上拆下平衡阀,降下升举机构使油缸收到底。用吊索吊住整个升举机构,拆掉销的固定螺丝,拆掉蚱蜢臂下端固定在底盘上的销子,将蚱蜢臂升举机构举起吊离

图1-133 拆蚱蜢臂升举机构上销

底盘。拆掉油缸活塞杆销上的扣环,拔出销子将油缸与升举机构分开,如图 1-134 所示。

图 1-134　悬挂整个升举机构

　　将新的油缸装在举升机构上,插入活塞销并以扣环固定,用吊索将升举机构安放在底盘上,插入升举机构下销使其装在底盘上。将吊链吊住油缸的上端,在装卸面板操作主平台上升,伸出油缸活塞,同时调整吊索使升举机构上端的孔对正固定点的孔。参照次页说明装上止推垫圈。如升举机构已放置妥当,销子可用木榔头轻轻敲入,装上销子固定螺丝。为使装油缸时易于对正上孔,可用紧急电动泵产生压力,在装卸面板控制主平台上升。吊举升举机构时应从上方垂直吊举,升举机构产生偏斜,上孔将不易对正。

　　不可将销子强行敲入,如销子不能顺利装入孔内时,再调整升举机构的角度及油缸高度,只可用木榔头或橡皮榔头轻敲销子,如图 1-135 所示。

图 1-135　对正升举机构及装上销子

　　主平台两边固定耳朵的外侧都装有一止推垫圈。有时会装两个垫圈以调整升举机构的对直位置,在外耳朵外侧装一个止推垫圈,在内耳朵靠近主平台一侧装两个止推垫圈。如此安排可使油缸在耳朵之间留有空隙而不致于在操作时油缸会磨擦到升举机构,如图 1-136 所示。

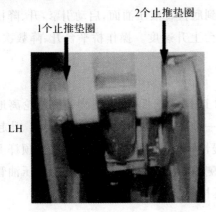
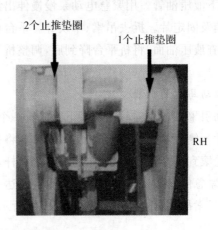

图 1-136　装止推垫圈

拆去吊索,装回油缸油管,平台降到底检查液压油面,启动引擎,操作主平台升降数次,再检查液压油面。用诊断中心按说明之步骤调整主平台升降速度。再操作主平台升降数次,检查是否漏油。

4.桥平台油缸的装卸和更换

升起桥平台使下滚轮滚到安全顶杆的前方,装妥安全顶杆,慢慢降桥平台使滚轮落在安全顶杆上。关掉引擎,将紧急停车按钮推入。进入桥平台剪刀下方的平顶上,打开引擎模组上方的支撑遮板,如油缸活塞销位置过高不能拆除,可在平顶上放置木块或矮梯,打开引擎模组上方的支撑遮板。

如使用木块或矮梯,登上前必须检查是否稳固,以避免受到伤害。

拆下油缸活塞销固定片螺丝并拆掉固定片,用一榔头及铳子由内向外将活塞销敲出,拆出活塞销时不可丢掉止推垫圈,如图1-137所示。

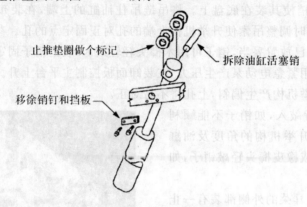

止推垫圈做个标记

拆除油缸活塞销

移徐销钉和挡板

图1-137　拆活塞销及挡板

注意:因安全顶杆已支撑平台,可一次拆掉两支油缸。

拆掉油缸活塞销时,油缸会朝垂直方向转动,避开油缸转动的范围以免受伤。检查油缸是否已由吊索吊住,拆下油缸下销使与底盘分离,吊举油缸并向外摆动,使从前轮上方脱离平台。

将新油缸放在前轮附近,用吊链吊住油缸并举起,摆动油缸使进入平台下方,先装回下销,装回上、下液压油管。用紧急电动泵慢慢伸出油缸活塞,使活塞上的孔对正平台上的销孔,装回活塞销及固定片。拆去吊索、木块等。平台放到底检查液压油面,启动引擎,升、降桥平台数次,再检查液压油面,将桥平台降到底,调整桥平台上升速度。操作桥平台升、降数次,检查是否漏油。

5.驱动马达的拆装

启动引擎,收起支脚,在支脚下方放置一个2 in厚的钢板,放下支脚并使前轮离地。在要拆换马达一侧底盘大梁下方放置木块支撑,将另一前轮及两组后轮用轮档挡住。升起桥平台使下滚轮滚到安全顶杆的前方,装妥安全顶杆,慢慢降低桥平台使滚轮落在安全顶杆上。关掉引擎,将紧急停车按钮推入。拆掉要更换马达一侧的轮子,从马达上拆开五根液压油管及刹车钢管,用吊索吊住马达。按照如图1-138所示拆掉螺丝使马达与前轴分离。

拆开液压软管和刹车钢管

从轴上拆掉轮子

图 1-138 拆卸车轮驱动马达

装上新马达将固定螺丝旋紧至 200 N·m(150 ft·lb)。装回刹车钢管及液压管。再检查拆掉轮子的一侧是否支撑妥当,另一侧的轮子前、后都已用轮档挡妥。拔出紧急停车按钮,启动引擎,收起支脚,操作平台车前进及倒车行驶两分钟。

将选档开关排入前进或倒车及加油门之前,先检查拆掉轮子的一侧是否支撑妥当,另一侧的轮子前、后都已用轮档挡妥。

轻踩刹车踏板,在轮毂后方旋开放空气螺丝排放空气,旋紧放空气螺丝,装回轮子,放下支脚,移走大梁下方的木块,收起支脚,移走支脚下方的钢板。收起安全顶杆将桥平台降到底,驾驶平台车检查刹车。停车后将支脚放下检查是否漏油。

6.前轮刹车蹄的更换及调整

修理刹车时应两轮同时修理。拆开前先从检查孔目视检查刹车蹄片,如需更换,松开轮胎螺丝,启动引擎,放下支脚使前轮离地,关掉引擎,拆下轮子及刹车鼓(见图 1-139)。

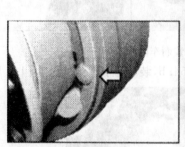

096

图 1-139 检查刹车

拆掉复位弹簧 154.a,拆掉定位弹簧 154.b,从调整机构松开刹车蹄片(见图 1-140)。

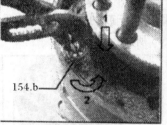
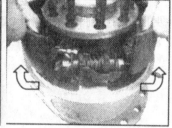

154.a

154.b

图 1-140 松开弹簧及调整机构

拆掉复位弹簧 154.c,拆掉刹车蹄片组,将机械刹车控制杆与钢绳分开,拆开刹车蹄片(见图 1-141)。

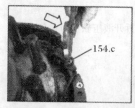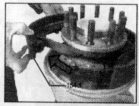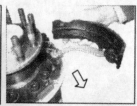

图 1-141　松开控制杆及拆开刹车蹄片

重要:清除刹车各部位的灰尘,组装前先检查刹车分泵是否漏油,检查刹车鼓的磨擦面是否有磨损痕迹,如痕迹深于 0.2 mm (0.007 8 in)或有不正常的磨损,更换刹车鼓。

将控制杆与钢绳组合,组装刹车蹄片 154.2,将复位片装在蹄片 154.2 上(见图 1-142)。

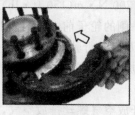

图 1-142　组装控制杆及复位片

装上蹄片 154.1,将蹄片与调整机构组合,装上复位弹簧 154.c(见图 1-143)。

图 1-143　组装刹车蹄片

将刹车蹄片装在调整机构上,装定位弹簧 154.b,装复位弹簧,如图 1-144 所示。

图 1-144　组装弹簧

更换及调整前轮刹车蹄片,测量刹车鼓的内径 D 及装妥的刹车蹄片的外径,将间隙调整至 0.80 cm (0.03 in),如图 1-145 所示。

图 1-145　测量磨擦直径

刹车调整有两种方式,手动调整用一个调整轮,见图 1 - 146 所示左侧,自动调整用两个调整轮,见图 1 - 146 所示右侧。刹车虽可自动调整,更换刹车蹄片后仍须作初步调整。

手动调整　　自动调整→

图 1 - 146　手动及自动调整刹车

将拉杆稍为放松使调整轮可以自由转动,转动调整轮使蹄片与刹车鼓之间有 0.80 cm (0.03 in)的间隙,自动调整则将两个调整轮对称调整。装回刹车鼓检查是否转动自如,如图 1 - 147所示。装回轮子,启动引擎,收起支脚,驾驶平台车测试刹车。

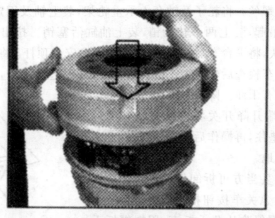

图 1 - 147　装刹车鼓检查是否转动自如

7. 后轮的拆装及更换

启动引擎,操作后端升降开关将底盘后端升到最高,用木块将底盘两边垫住,再操作后端升降开关,扳到降下位置将后轮收起离地。

先将底盘后端支撑妥当方可拆卸任何零组件。启动引擎,放下支脚,升起主平台,安放安全顶杆并确定安全顶杆已支撑住主平台。关掉引擎,将紧急停车按钮推入。更换两边后轮时可不必拆下承重轮总成。拆承重轮前轮的轴即可将前轮拆下,不必拆下任何承重轮(见图 1 - 148)总成的零件,拆承重轮后轮时,先将承重轮前轮拆下,使承重轮有足够的空间转动方可拆下后轮轴。拆承重轮总成时,先用一吊索支撑承重轮总成的重量,拆下油缸活塞销使油缸与承重轮总成分离,拆出两根承重轮转动销,将承重轮总成由下方移出底盘。拆掉要更换轮子轮轴的固定螺丝,拔出轮轴,拆下轮子,拆掉轴螺帽上的固定螺丝,拆下轴螺帽、轴螺丝,从轮毂中拆出轴承。

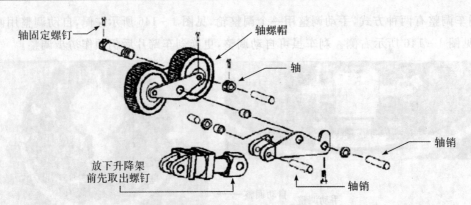

图 1-148 838 型的承重轮

将轴及轴承装在轮毂中,将锁圈装在轴的一端,弯曲面不朝轴承。将轴螺帽装在轴上,套扳手的缺口向外。将轴螺帽旋紧至 70~105 N·m(50~80 ft·lb),旋紧螺帽之同时在轴上转动轮子使轴承能定位。旋到紧度后将轴螺帽退回半圈。再将轴螺帽旋紧至 60~90 N·m(40~70 ft·lb),旋紧螺帽之同时在轴上转动轮子。旋到紧度后将轴螺帽退回 1/8 至 1/4 圈,装上并旋紧轴螺帽固定螺丝。将轮子及轴套入承重轮架,装上轴及固定螺丝。将承重轮总成移到底盘下方,用吊索吊起,装上两个转动销,装上油缸活塞销。拉出紧急停车按钮,启动引擎,移走底盘下方的木块,将平台车后端降下,收起主平台安全顶杆,将主平台降到底,收起支脚,慢速前、后驾驶平台车检查后轮是否正常。放下支脚,升起主平台,安放主平台安全顶杆,检查后轮处是否漏油或有干涉。降下主平台,关掉引擎。

启动引擎,操作后端升降开关将底盘后端升到最高,用木块将底盘两边垫住,再操作后端升降开关,扳到降下位置将后轮收起离地。

先将底盘后端支撑妥当方可拆卸任何零组件。放下支脚,关掉引擎,将紧急关车按钮推入。在要更换的轮子上拆掉轮盖,将螺帽保险片凸舌扳直,用螺帽扳手拆掉螺帽,从轴上拆下轮子,从轮毂中拆出轴承,如图1-149所示。

清洁轴承并再加黄油装入新轮子中。将轮子装在轴上,装上螺帽保险片及螺帽。将螺帽旋紧至 70~105 N·m(50~80 ft·lb),旋紧螺帽之同时在轴上转动轮子使轴承能定位。旋到紧度后将轴螺帽退回半圈。再

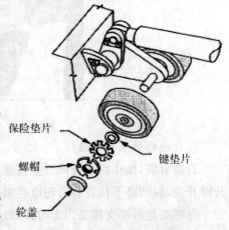

图 1-149 929/121 型承重轮

将螺帽旋紧至 60~90 N·m(40~70 ft·lb),旋紧螺帽之同时在轴上转动轮子,轮子必须可自由转动。将保险片的凸舌敲弯使卡在螺帽的缺口内,装回轮盖。拉出紧急停车按钮,启动引擎,移走底盘下方的木块,将平台车后端降下,将主平台降到底,收起支脚,慢速前、后驾驶平台车检查后轮是否正常。放下支脚,升起主平台,安放主平台安全顶杆,检查后轮处是否漏油或有干涉。降下主平台,关掉引擎。

8.平台车支撑脚的拆装与更换

拆装替换支脚,用轮挡同时挡住前轮以确保安全,包括前方与后方。启动发动机并将平台车设定在行驶模式下(撑脚上升)。关掉发动机并拉出紧急停止按钮。拆卸螺栓并从撑脚油缸

上摘下盖板。如果左侧油缸已被更换,断开两边的接近开关并将与之连接的支架一同拆除。待油缸拆卸下后,在安装平衡阀之前先要将之固定在新的油缸中。根据手册所述,使用恰当的扭力将平衡阀拧紧,但是之前先要从原理图上确定平台车平衡阀序号。在油缸下安装上油盘,同时断开平衡阀主体和阀盖上的液压管路以防止液压油不必要的泄露和污染。

　　从底盘上拆卸下油缸的管脚和滑座。在新的油缸底盘上安装平衡阀和滑座,包括针型旁通阀。先安装油缸上部的管脚,再安装如图 1－150 所示的零部件。连接好接近开关的液压管路和电线,确保线路的连接处采用了可拆卸装置。如果车辆有装配该装置,请确保针型旁通阀的把手是完全关闭并且塑料螺母已被拧紧。拉出紧急停止键。启动发动机并运转撑脚,进行数次的上下运动,以确保他们可以正常工作。放下撑脚并关闭发动机。检查是否有油渗漏。安装撑脚油缸上的盖板,并根据顶盖铭牌上的指导准则拧紧螺栓,确保管线装配有可拆卸装置,移开车下的轮挡。

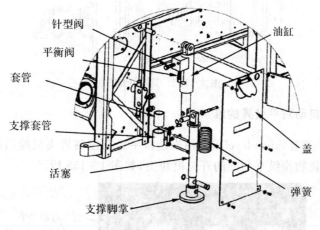

图 1－150　撑脚

9.平台车 PDU 的拆装与更换

（1）PDU 装卸和更换。启动发动机并将平台车设置在装卸模式下,放下撑脚,升举主平台或桥平台并将安全顶杆放置到位,关闭发动机并将紧急停止键推入。

1）松开连接马达软管两个 U 型螺栓上的螺栓。

2）松开 3 个马达上的液压配件装置。

3）松开车轮螺母。

4）拆卸下 4 个马达螺丝。

5）拆卸下车轮螺母。

用户必须有能力自行拆卸下车轮和/或马达。如果需要替换 PDU 铸件,从 PDU 的顶部逐一拧下 PDU 的螺母,能使铸件朝上移动,从而将之拆卸下,如图 1－151 所示。

（2）重新安装上 PDU。

1）将马达放置于适当的位置,将车轮重新装回并将车轮螺母放上,但不要拧紧。将抗咬合转轴装上,以防止车轮与马达轴发生咬合的

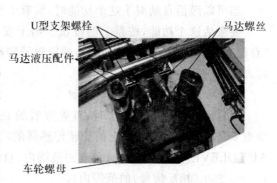

图 1－151　PDU 轮的替换

状况。

1）将 4 个马达螺丝装回并拧紧（75 lbs·ft）。

2）拧紧车轮螺母（120～140 lbs·ft），使用开口销将槽形螺母安装好。

3）拧紧马达上的 3 个液压配件。

4）拧紧两个 U 型螺母上连接马达软管的螺母。

5）确保当 PDU 旋转 90°后，软管仍可以经得起随意的摇晃移动。

拉出紧急停止键。启动发动机并全方向运行 PDU 大约 30 个来回（见图 1－152）。最终确保能正常工作。关闭发动机并检查是否存在泄漏。

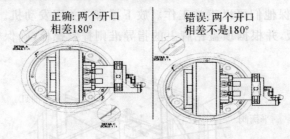

正确：两个开口相差180°　　错误：两个开口相差不是180°

图 1－152　运行 PDU

1.9.5　平台车自动对平装置的维护

桥平台自动对平装置（auto-level），是用来使桥平台高度随着飞机舱门高度变化而自动对平的，动作开关位于货物操纵平台上的开关模块上，如图 1－153 所示。

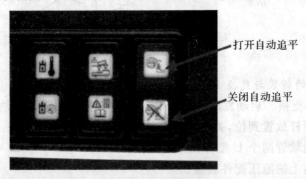

打开自动追平

关闭自动追平

图 1－153　自动对平开关位置

当可以激活自动对平这个功能时，装有 LS－23 接近开关，开关下面的 LED 灯被点亮。

要激活这个功能，按靠上的按钮。出于安全因素，某些操作是不允许的。桥平台不允许"自己移动"超过 2 s。如果检测传感器轮子转动太快，也会产生一个故障信息。当有问题发生时，开关下面的 LED 灯就会闪烁

1. 平台车自动对齐装置的维护

当自动对平系统不工作时，首先查看的是 F2－DIAGNOSTIC 菜单里面的 INPUT 项。检查安装在自动对平轮子上的旋转传感器的功能（见图 1－154），自动对平传感器值 'RFT－6 AUTOLEVEL S1'在 250～4 750 的范围内，自动对平传感器值 'RFT－6 AUTOLEVEL S2'在 4 750～250（相反信号）的范围内。

如果传感器没有在这个范围内，重新调整它。它由两部分组成，这两部分必须要排列在一

条直线上。圆磁铁的中心必须与传感器的孔同心,如果仍然不工作,需更换传感器。

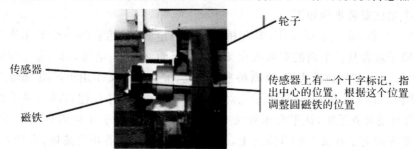

轮子

传感器

磁铁

传感器上有一个十字标记,指出中心的位置,根据这个位置调整圆磁铁的位置

图 1-154　自动对平传感器

要激活自动对齐功能,接近开关 LS—23 BRIDGE NEAR AIRCRAFT 必须检测到滑动臂(见图 1-155)。

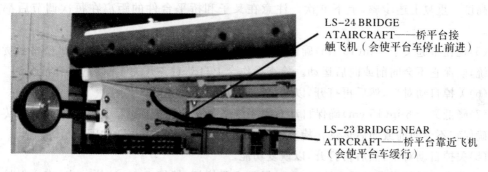

LS-24 BRIDGE
ATAIRCRAFT——桥平台接触飞机(会使平台车停止前进)

LS-23 BRIDGE NEAR
ATRCRAFT——桥平台靠近飞机(会使平台车缓行)

图 1-155　接近开关的检查

在诊断中心上检查接近开关 LS—23 与 LS—24。通过菜单 F2—DIAGNOSTIC—INPUTS 操作。如果某个接近开关不工作,检查线路,必要的话更换它。

转动轮子,如果你转动轮子来测试自动对齐,要非常缓慢的转动,因为有一个过滤功能,会减缓信号的接收,以避免突然的上升或下降使得货物在平台上移动。

如果放置弹簧夹(见图 1-156)来测试自动对平装置,慢慢打开,过滤作用来减缓接到的信号速度,从而避免当桥平台因货物移动时而产生上下反弹的情况。

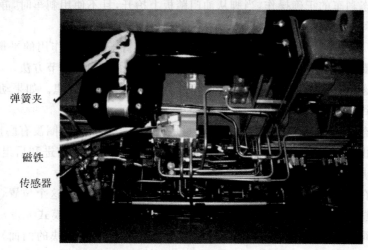

弹簧夹

磁铁

传感器

图 1-156　弹簧夹放置

2.平台车自动对平测试安装步骤

自动对平测试安装步骤如下。

(1)启动发动机,在负载模式下,升起桥平台到一定高度,然后将一个叉车放到轮子的前面。将一个箱子或者其他平面的东西放在叉车叉子上面,作为一堵墙,以使轮子可以接触并转动1A启动发动机,在负载模式下,升高桥平台高度,准备一台叉车用于模拟"操纵"。

(2)让平台车和叉车头对头,让叉子正对着自动对平盒子,并且把自动对平手臂推进去约6英寸。开启自动对齐系统,让平台车和叉车面对面停放,让叉子正对着自动对平装置,并且把自动对平系统的夹子在叉车的升降叉上,开启平台车自动对平开关按钮,自动对平LED绿色指示灯亮。

(3)检查桥平台的平顶传送链条或是PDU的前进和后退方向。

(4)把叉子举起0.5 in后停止,为了使自动对平器的夹子随动。自动对齐功能会调节桥平台高度。重复上述步骤,上下9次。注意在叉子和桥平台件的距离在每次调节后都是不变的。

(5)现在举起叉子6 in(15 cm)确保自动对平系统进入安全保护模式。测试桥平台货物传送系统,确保它不会向前或向后运动。检查操作台上自动对齐开关LED的闪烁情况。

(6)关掉自动对平,然后再打开,以恢复功能。

(7)降低叉子6 in(15 cm)确保自动对平系统进入安全保护模式。测试桥平台货物传送系统。确保它不会向前或向后运动。检查操作台上自动对平开关LED的闪烁情况。

(8)关掉自动对平,然后再打开,以恢复功能。

(9)非常缓慢的举升叉子2 in(5 cm),但是不要停顿,持续3 s。这样一来,安全保护就会因时间到而被触发,而不是因为距离。确保自动对平系统进入了安全保护模式。测试桥平台货物传送系统,确保它不会向前或向后运动。检查操作台上自动对平开关LED的闪烁情况。

(10)如果所有项目检测完成,自动对平系统就会处于正确工作状态。关掉系统,降下桥平台,关掉发动机,结束调试。

1.9.6　减速装置

(1)保持动态刹车的正确操作,当脚从油门踏板上抬开,且不使用刹车时,静态刹车要求能够使平台车停下来。

通常而言,厂家的政策是不提倡改动出厂时对动态刹车器控制作用的平衡阀来调整的。然而,原装密封圈可能会磨损,这样的话,下面的步骤讲述了正确的调节方法。

(2)如果动态刹车太灵敏了,站立驾驶时可能会产生一个安全隐患。如果动态刹车不够灵敏,则有可能导致制动力不够,或者造成飞机损坏。

(3)检查动态刹车上的平衡阀的原装密封圈是否磨损。如果密封圈没有磨损,不需要做任何调节,到此为止。如果密封圈磨损了,那就要作必要的调节,检查前进和后退时动态刹车的刹车距离,按需求调节平衡阀。注意:不要踩刹车。

(4)当车辆在动态刹车的作用下完全停止后,放下支撑腿以锁定这个位置,测量从标记或者插旗处到这里的距离,以得出刹车距离。刹车距离应当为:低速模式4.5~6 m(15~20 ft)。一个"CB"阀控制前进,另外一个控制后退(分别位于主液压板块的两面),如果不是,从第(6)步开始调节。尝试将速度调试至标准以内。尽可能使用平衡阀来调节。可参考泵设定步骤寻找设定的位置。

（5）支撑腿放下后，操作桥平台上升，直到可以挡上安全挡块。关闭发动机，按下急停开关以保安全。

（6）找到动态刹车的平衡阀。看主液压板块。上面标记有前进"forward"和后退"reverse"参考泵设置步骤，找到阀的位置。

（7）如果刹车距离太短（动态刹车太灵敏），顺时针转 C/B 阀。如果刹车距离太大（动态刹车不够敏感），逆时针转动 C/B 阀。重新测试刹车距离，如果必要的话，再次调整，直到刹车距离符合建议值，参照第（4）步。

（8）重复第（2）步到第（4）步的流程，测试倒车模式，如果有必要的话，参照第（6）步到第（8）步来调整。

如果所有项目检测完成，就算完成了。确保 C/B 阀上的锁紧螺母上紧。

1.9.7　平台车紧固螺栓的力矩要求

紧固螺栓的力矩要求见表 1-2～表 1-6。

表 1-2　无润滑的英制螺栓紧固力矩

直径—线程（每英寸）	五　级	八　级
1/4—20	8	12
1/7—28	10	14
5/16—18	17	24
5/16—24	19	27
3/8—16	30	45
3/8—24	35	50
7/16—14	50	70
7/16—20	55	80
1/2—13	75	110
1/2—20	85	120
9/16—12	110	150
9/16—18	120	170
5/8—11	150	210
5/8—18	170	240
3/4—10	260	380
3/4—16	300	420
7/8—9	430	600
7/8—14	470	670
1.0—8	640	910
1.0—14	720	1 020

续表

直径—线程(每英寸)	五 级	八 级
$1\frac{1}{8}-7$	790	1 290
$1\frac{1}{8}-2$	890	1 440
$1\frac{1}{4}-7$	1 120	1 820
$1\frac{1}{4}-12$	1 240	2 010
$1\frac{1}{2}-6$	1 950	3 160
$1\frac{1}{2}-12$	2 200	3 560

表 1-3 无润滑的公制螺栓紧固力矩

螺栓尺寸	连接件紧固力矩值			螺栓紧固力矩		
	8.8	10.9	12.9	8.8	10.9	12.9
M6	10	14	17	7.5	10	12.5
M8	25	35	41	18.4	26	30
M10	49	69	83	36	51	61
M12	86	120	145	63.4	88.4	107
M14	135	190	230	100	140	170
M16	210	295	355	155	218	262
M10	200	405	485	214	299	358
M20	410	580	690	302	428	509

表 1-4 液压配件和插装阀装配力矩

件 号	产品描述	厂 家	CAVITY SIZE	装配力矩		
				in·lb	ft·lb	N·m
032595	CAVITY PLUG, 4—WAY 2—POB	HYDRAFORCE	10—4	300±12	25±1	34±1.5
033154	CAVITY PLUG, ALL PORTS BLOCKED	SUN	T—11A	390±30	31.5±2.5	47.5±2.5
037328	CAVITY PLUG, 3—WAY 2—POS	PARKER	10—3	300±12	25±1	34±1.5
039876	CAVITY PLUG SUN	T—3A	570±30	570±30	47.5±2.5	62.5±2.5
038492	CAVITY PLUG, PORT 3 BLOCKED	SUN	T—11A	390±30	32.5±2.5	47.6±2.5
041555	CAVITY PLUG, ALL OPENED	SUN	T—11A	390±30	32.5±2.5	47.6±2.5
032596	CAVITY PLUG, 4—WAY 2—POS	HYDRAFORCE	10—3	300±12	25±1	34±1.5
034148	CAVITY PLUG, ALL PORTS BLOCKED	SUN	T—16A	1860±60	155±5	207.5±7.5
034149	CAVITY PLUG, PORT 3 BLOCKED	SUN	T—17A	1860±60	155±5	207.5±7.5
035899	CAVITY PLUG, PORT 3 BLOCKED	SUN	T—17A	1860±60	155±5	207.5±7.5
038842	CAVITY PLUG, PORT 3 BLOCKED	SUN	T—17A	1860±60	155±5	207.5±7.5
037055	CAVITY PLUG, PORT 1 AND 4 BLOCKED	HYDRAFORCE	10—4	300±12	25±1	34±1.5
037351	CAVITY PLUG	VICKERS	16—3	1020±60	85±5	115±6
040052	CAVITY PLUG, PORT 1 TO PORT 3 OPENED, PORT 2 BLOCKED	SUN	T—19A	4350±150	352.5±12.5	482.6 ±17.5
040321	CAVITY PLUG, POTR 1 TO PORT 2 OPENED, PORT 3 AND 4 BLOCKED	SUN	T—23A	1850±60	155±5	207.5±7.5

表 1-5 液压螺纹接头装配力矩

装配尺寸	螺经尺寸	ASSEMBLY TCROUES			连接管	连接头/软管
		in · lb	ft · lb	N · m		
—2	5/16—24	37±2	3±0.2	4±0.26	—	—
—3	3/8—24	68±3	5.5±0.25	7.5±0.3	—	—
—4	7/16—20	140±10	11.5±0.8	15±1	2	2
—5	1/2—20	180±15	15±1	20±1.3	2	2
—6	9/16—18	250±15	21±1	28±1.3	11/2	11/4
—8	3/4—16	550±25	46±2	62±3	11/2	1
—10	7/8—14	650±60	54±4	73±5	11/2	1
—12	11/16—12	1000±60	83±4	113±5	11/4	1
—14	13/16—12	1260±60	105±5	143±7	1	1
—16	15/16—12	1450±50	120±4	163±5	1	1
—20	15/8—12	2000±100	170±8	231±11	1	1
—24	17/8—12	2400±150	200±12	272±16	1	1
—32	21/2—12	3200±200	270±16	367±22	1	1

表 1-6 可调整直螺纹装配力矩

装配尺寸	螺纹尺寸	装配力矩		
		in · lb	ft · lb	N · m
—2	5/16—24	63±3	5.2±0.3	7±0.5
—3	3/8—24	105±5	8.8±0.4	12±0.6
—4	7/16—20	100±9	15±0.8	21±1
—5	1/2—20	363±13	22±1	30±1.5
—8	9/16—18	368±18	30±1.5	42±2
—8	3/4—16	650±32	54±2.7	74±3
—10	7/8—14	1070±54	89±4.5	121±6
—12	11/16—12	1700±85	140±7	192±10
—14	13/16—12	2200±110	184±9	250±12
—16	15/16—12	2500±125	210±10	285±14
—20	15/8—12	3150±160	263±16	357±18
—24	17/8—12	3840±190	320±19	436±22
—32	21/2—12	4725±235	395±21	535±27

1.10 平台车常见故障分析及排除

1.10.1 平台车电气开关和控制

当遇到平台车电气开关和控制(输入)问题时,应遵照以下步骤执行。

(1)在诊断中心上操作此功能。

(2)检查与此功能相关的输入环节。

(3)检查输出功能。

找出问题源头的第一步是找出哪部分不工作。比如说,在驾驶台上操作平台上升,无法实现桥平台上升这个功能。在操纵杆和电磁阀之间还有很多元件来驱动这个动作,把这个问题分成两个部分来研究,首先在诊断中心上使用这个功能,屏蔽掉操作端的影响,使用 OPERATION 菜单激活 BRIDGE UP 的功能,如果在诊断中心上可以使用这个功能,这就表明,问题发生在输入环节相应的元件或线路上。按照路径 F2-DIAGNOSTIC - INPUTS 使用诊断中心。直接的通过查看桥平台举升的操纵杆实时输入数值,激活桥平台举升操纵杆,就可以看到该数值变化了。如果没变化,则有可能是操纵杆坏了或线路上有问题,如果操纵杆激活后值也没有变化,需要查看一下操纵杆底部诊断灯的状态。在此须参照本章中操纵杆维护的相关信息。

如果确认输入功能是正常的,那么问题就出在输出那一边。使用该功能,本例中是桥平台上升,到诊断中心 F2-DIAGNOSTIC—OUTPUTS DIGITAL OR ANALOG 路径中检查一下。找到与问题功能相关的电磁阀,看看它们是否正常工作。这将使我们确认 PLC 是否应该激活该功能。这或许没有用,但至少可以检查逻辑是否正确。在这种情况下,如果阀已被激活,但是在接头上依然没有电压,或者是接头上的灯不亮,那就可能是输出部分的电路和相关的模块以及器件上的问题,有必要的话更换这些零件,如图 1-157 所示。

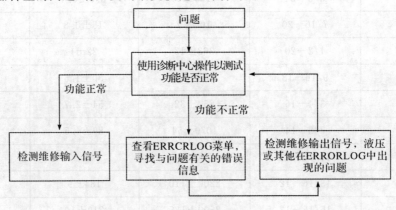

图 1-157 维护方案

1. 操纵杆

操纵杆是"CAN Open joysticks(CAN 总线控制的操纵杆)",也就是说手柄的位置和开关的状态都在网络上传输。这样的设计简化了线路,使得只需要 6 根线就可以满足正常运作的需求,操纵杆可以用"daisy chained"的方式通过公和母的对插接头连接到一起。这两个接头在操纵杆里面是并联的。红线接"＋"，黑线接"－"，它们负责供电。另外两根是 CAN 总线的传输线，如图 1－158 所示。

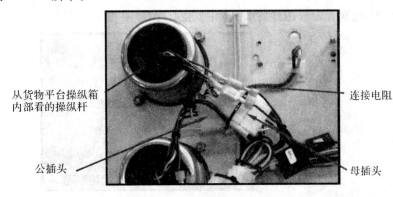

从货物平台操纵箱内部看的操纵杆

连接电阻

公插头

母插头

图 1－158　操纵杆及线路连接

　　所有的操纵杆共享同一组线路。这意味着网络上可以接入两个一模一样的操纵杆。因此我们需要为每个操纵杆并联上一个不同阻值的电阻，以使主控单元可以区分它们。这个电阻是一个拖了两根线的小的黑色方块，把它们连接到操纵杆的粉色接线端子上。这样就相当于给操纵杆一个代号，如图 1－159 所示。

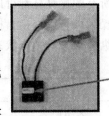

IDK－200
238769

图 1－159　操纵杆电阻

　　在电路图上，可以找到操纵杆的 ID 编号。最后的识别数字 IDK－200 是识别编号，比如说 IDK－204 就是编号 4。

　　桥平台举升和主平台举升操纵杆不需要外接电阻，因为它们的网络代号已经作为硬件存在于操纵杆中。判断操纵杆状态是否良好的一种方案是将其在另一个地方使用，看是否正常。切断其余所有操纵杆的连接，只将怀疑有问题的那只和控制终端模块的 4 芯插头相连。如果不工作，把好的操纵杆的识别电阻换上去，观察问题是否解决。如果要进行故障排解时，只能同时连接一个操作杆进行测试工作，并以此方法测试所有的操作杆。操作杆可以以任意的顺序进行连接只要一个连接到终端的主连接器上即可。

　　更换操作杆的电阻不会改变其 ID 号，是因为其 ID 号已储存在内存中。如要安装一个新的操作杆或是将一个操作杆从一个地方换到控制面板上的另一个位置上时，需要进行操纵杆重置操作，如图 1－160 所示。

　　(1)断开电源。

　　(2)暂时在操作杆上的两电阻间安装一根电线(短接)。

　　(3)打开电源 2～3 s，按下开始键超 5 s 会触发重置结果。

　　(4)断开电源。

　　(5)打开电源。这次控制杆内置的 LED 灯会闪烁红色，若不是，请重新回到第一步。

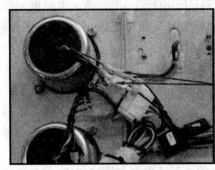

电阻终端

图 1－160　电阻终端

（6）断开电源。

（7）安装新的电阻。

（8）打开电源，这次控制杆内置的 LED 灯会亮起绿色（见图 1-161）。

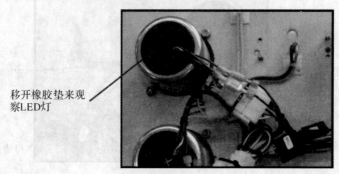

移开橡胶垫来观察 LED 灯

图 1-161　状态灯

不是所有的操纵杆都可以交换。只有桥平台货物传送，主平台前部传送和主平台后部传送着三个操纵杆可以交换。桥平台举升和主平台举升没有外部电阻，不可以交换。

在操纵杆下方有一个状态灯，显示当前状态，表 1-7 列举了各种情况。

表 1-7　状态灯不同状态显示的内容

状态灯指示	绿　灯	红　灯
关闭	N/A	无故障
闪烁	准备状态	配置错误
打开	工作状态	总线错误
单闪	停止状态	减少总线错误
双闪	N/A	节点保护
交替闪烁	参考上述红色灯	参考上述绿色灯

如果连灯都不亮，说明没有接通上电源。

（1）PREOPERATIONAL STATE：表示主控单元没有传送信号。

（2）OPERATIONAL STATE：表示主控单元传送脉冲到操纵杆。如果操纵杆坏了，它仍然会传送"0"信息，但是在 ERROR LOG 菜单上会显示产生故障。

（3）STOPPED STATE：表示主控单元停止传送脉冲，正在等待中。

NOTE：如果是黄灯亮起，表示进入编程模式，此时操作杆必须回到出厂默认设置。

2.开关模块

这个模块上的开关和指示灯都是连接到 CAN 总线网络 2 上，有主控单元控制的，这些开关没有单独的线路，如图 1-162 所示。它们只有电源线和网络线开关模块装在货物操纵台上。有两个接头。9 口接头用来供电，连接网络和输出。6 口接头用来输入。开关用 C 型垫圈固定，以确保当按下按钮后开关周围有足够的强度。由于垫圈上使用了胶水，所以每次拆装开关模块后都需要使用新的垫圈。

大多数开关输出都与模块相连，因此系统可以检测到这些开关的状态。

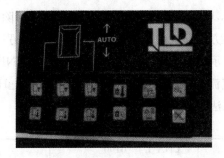

图 1-162　货物操纵平台上的开关模块

1.10.2　平台车 CAN 总线网络

1. 线路

TLD 平台车线路模块背后的情况如图 1-163 所示。

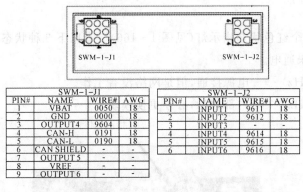

SWM-1-J1			
PIN#	NAME	WIRE#	AWG
1	VBAT	0050	18
2	GND	0000	18
3	OUTPUT4	9604	18
4	CAN-H	0191	18
5	CAN-L	0190	18
6	CAN SHIELD	-	-
7	OUTPUT 5	-	-
8	VREF	-	-
9	OUTPUT 6	-	-

SWM-1-J2			
PIN#	NAME	WIRE#	AWG
1	INPUT1	9611	18
2	INPUT2	9612	18
3	INPUT3	-	-
4	INPUT4	9614	18
5	INPUT5	9615	18
6	INPUT6	9616	18

图 1-163　开关模块后视图

线束号码与接头插针是相对应的(见图 1-164),比如输入 2 对应的线号是 9612,96 是模块代号,1 代表输入,2 代表第二路输入。再举一例,输出 4 的线号是 9604,96 是模块代号,0代表输出,4 代表第四路输出。

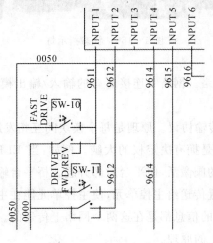

图 1-164　开关电路图

如果某个输入端未接线,可以读出一个小电压,大约 4.5V,除了第六路输入,因为它们内置了一个电阻。经典的连接方法是开关一头连接到输入端上,另一头连接地或低电位。所有的开关状态都在诊断中心显示出来,路径是 DIAGNOSTIC - INPUTS。

VREF 是一个 5 V 的直流电源。CAN_L(♯190)和 CAN_H(♯191)(见图 1 - 165)是网络线路,不能接反,否则无法正常工作。

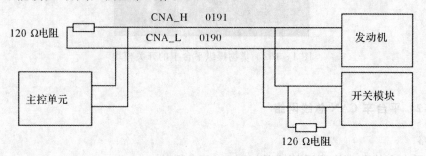

图 1 - 165 网络图示

2. 状态指示灯

在模块后面有一个红色状态指示灯(见图 1 - 166)。有以下 3 种状态。

(1)灯不亮——未通电。

(2)红灯慢闪(1Hz)——电源接通,但是网络没有工作。

(3)红灯快闪(3Hz)——内部故障,必须更换模块。

图 1 - 166 状态指示灯

3. CAN 总线网络概览

平台车有两个独立的网络。网络 1 连接所有的输入/输出模块和诊断中心。网络 2 连接在操纵台上的开关模块。

CAN 是模块间的数据传输协议。原理是每个模块间互相发送消息,以共享各自的信息。

电控箱内的主控单元就是拥有决定权的大脑。例如:当 ELEVATOR UP 主平台上升功能激活时,与主控单元相连的阀激活,使平台后部升起。桥平台输入/输出模块,连接桥平台停止传感器,将桥平台停放位置传送给主控单元,使主控单元能在主平台与桥平台对齐时作出停止主平台上升的决定。所有的信息都是在这两个网络上传送的。

图 1 - 167 描述了网络 1 的原理。

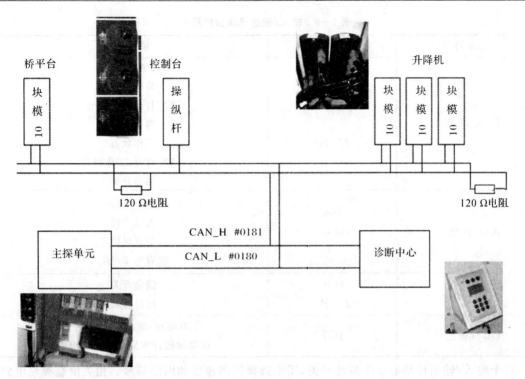

图 1 - 167　总线网络 1

　　网络 1 的线束号码是 0180 (CAN_L) 和 0181 (CAN_H)。两条线路之间的电阻值是 60 ±10 Ω,因为有两个 120 Ω 的电阻并联。

　　输入/输出模块上连接的线束有从模块末端收口的那个头出来的,也有从上表面 CAN in 或 CAN out 接头出来的,如图 1 - 168 所示。

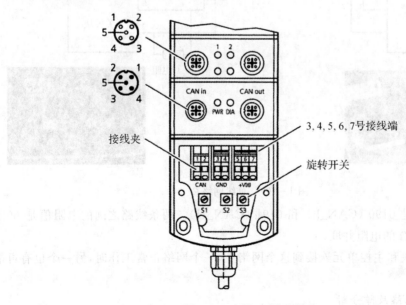

图 1 - 168　输入/输出模块

　　在模块上有一个绿灯和一个红灯来显示它们的状态。表 1 - 8 列出了各种不同的情况。

表 1-8   输入/输出模块诊断灯

诊断灯	状态	描述
PWR(绿色)	关闭	无电源电压
	打开	待机模式
		CAN 打开:准备阶段
		输出关闭
	2.0 Hz	工作状态
		CAN 打开:工作模式
		输出升级
DIA(红色)	关闭	通讯正常
	打开	通讯干扰
		节点保护
		没有同步对象
IN(黄色)	打开	输出开关
	2.0 Hz	故障诊断
OUT(黄色)	打开	双输出:输出开关打开
		模拟输出:PWM 预设值不为零

每个输入/输出模块有 3 个旋转开关,用来选择网络速度和网络编号。相关信息参见电路图。图 1-169 描述了网络 2 的原理。

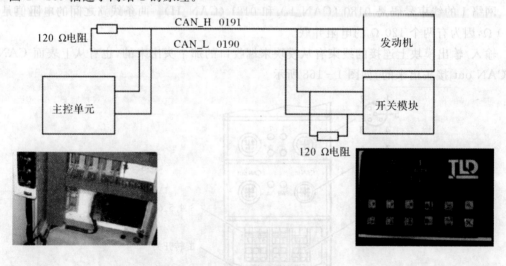

图 1-169   总线网络 2

网络 2 的线号是 0190 (CAN_L) 和 0191 (CAN_H)。两条线路之间的电阻值是 60 ± 10 Ω,因为有两个 120 Ω 的电阻并联。

操纵台开关模块和主控单元连接到这个网络上,一个网络正常工作时,另一个也有可能工作不正常。

4. CAN 总线网络故障分析

检查模块上的状态灯,找出是否只有一部分网络不工作。所有的绿灯都应该以每秒 2 次的频率闪动,目的在于把对应的问题分隔开来。

可以断开部分网络,以孤立问题。如果网络功能异常,断开电控箱背面的 6 芯的接头。然后一个接一个的接通,每次只连接一个,然后看模块上的绿灯是否闪烁,闪的话说明工作正常。如果安装了一个新的模块,对照电路图与原件双重检查开关设置,以确保网络速度和网络代号正确(S1,S2 和 S3 见图 1-170)。旋转开关非常小,要保证所选择的数字是正确的。把开关拨到一个位置然后回到正确的设置,新的设置只有在电源重起之后才会生效。

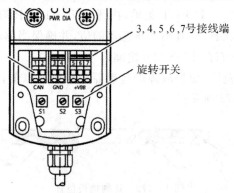

图 1-170　输入/输出模块

查找网络线路问题,可参照以下步骤。

(1)关闭电源:点火开关转到 OFF 位置或按下急停按钮。

(2)测量 CAN_L(wire♯0190)和 CAN_H(wire♯0191)之间的电阻值,见表 1-9。

(3)电阻值必须在 60 ± 10 Ω 的范围内,如果不在范围内,两根线至少有一根是断路。

表 1-9　CAN 总线网络电阻值

网络 1,线束 0180 和 0181	60 ± 10 Ω
网络 2,线束 0190 和 0191	60 ± 10 Ω

在不同的位置测试两根网络线束之间的电阻(见图 1-171),以找到故障存在何处(直接在模块里,终端上,终端的电阻上,或接线端子上)。比如,靠近主控单元量出电阻值为 60 Ω,但是在开关模块附近的阻值为 120 Ω,那么线路故障必然发生在电控箱和模块之间。

检测操作台下面来自于电控箱的接头。如果测出来的数值是 60 Ω,就表明线路故障位于此处到开关模块之间,以此类推。如果线路没有问题,有可能 CAN_L 和 CAN_H 接反了。这样的话,两根线之间的电阻值仍然是 60 Ω。

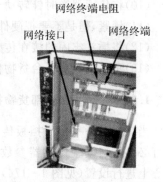

图 1-171　网络间电阻的测量

(4)电阻位置。

1)网络 1:电阻位于终端接线排;电阻位于主平台前部输入/输出模块。

2)网络 2:电阻位于电控箱的终端接线排上;电阻位于操纵箱的终端接线排上。

1.10.3　平台车反馈传感器故障分析

如果桥平台后挡板传感器在 ERROR LOG 上面显示出错,则系统检测到的电压值要么超出范围,要么是误调整。分别会有两条消息在 ERROR LOG 上显示来区分这两个问题。桥平台传感器的实时值可以在 DIAGNOSTIC - INPUTS 的 RFT－1（RIGHT）和 RFT－2（LEFT）上面监控。

（1）根据故障的部位找到左边或者右边的那个传感器。

（2）将两个急停按钮都拔出，然后启动平台车。

（3）将主平台降下至最低位置。

（4）选择 DIAGNOSTIC - INPUT 菜单，找到 RFT－1 和 RFT－2。

（5）点火钥匙处于 ON 状态，检查两个传感器的值，并确保当移动对齐挡板时（主平台从降下位置到与桥平台齐平），它们在 130～800 之间。

（6）如果值超出了那个范围，更换故障的传感器。在更换以前，要将主平台和桥平台的安全支撑装置撑住，如图 1－172 所示。

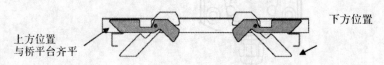

图 1－172　货物挡板位置

（7）关闭平台车，按下急停开关以防万一。

（8）拆掉那个反馈传感器。

（9）首先将更换的传感器装到轴上，大约是如图 1－173 所示的位置。

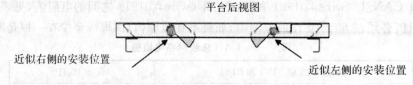

图 1－173　传感器安装位置

（10）将传感器逆时针转动至如图 1－173 所示位置。

（11）锁紧，但是不要把硬件绷紧到图示位置。

（12）将插头牢固的接在传感器上。

（13）重新设置桥平台货物传送。

1.10.4　桥平台后部货物挡板传感器校准

当更换了桥平台后挡板传感器或传感器出现故障时，都有必要重新设置传感器参数，传感器的设定可以在诊断中心上进行设置（见图 1－174）。

（1）打开电控箱找到诊断中心，按（F3）按钮选择 CONFIGURATION 菜单，使用（↑）或（↓）按钮选择"BRIDGE TRANSDUCER，RESET"按（ok）确认，使用（↑）按钮升起主平台直至升到与桥平台持平。

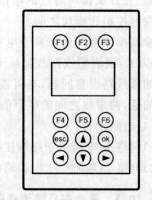

图 1－174　桥平台传感器参数设置

主平台会把桥平台顶起几英寸，诊断中心会显示 STATUS：SETUP OK（设置完毕）。

如果显示 STATUS：ERROR（故障），可能某个传感器出故障了，有必要的话，更换新的传感器。

主平台必须与桥平台完全持平，才能进行正确设置；按（↓）按钮降下主平台直到与底盘框架齐平（完全降下）；主平台必须完全降下至底盘框架，才能进行正确调整；设置完传感器之后，按（esc）按钮返回 CONFIGURATION 菜单，系统会自动保存参数值；按（F1）进入 OPERATION 菜单，测试新设置；按（esc）回到主菜单。

在使用诊断中心进行下列操作前，确保在平台上没有货物，所有人员离开平台车工作范围。

用一只手抬起左侧的桥平台货物挡板，来模拟主平台已经升到与桥平台平齐位置，并确保在左货物挡板后面的超行程接近开关检测到该挡板处于平齐位置。如果不满足这个要求的话，再设置以达到这个要求。

在上另一个螺栓前不要先把第一个螺栓上紧，以免由于受力不均损坏传感器。不要过度上紧螺栓，所要求的扭矩很小。

1.10.5 主平台超行程保护功能验证

左侧的桥平台货物挡板后面有一个接近开关。这个接近开关上有一个黄色的灯，靠近插座处。当主平台没有升到与桥平台平齐位置时，指示灯一直亮着，如图 1-175 所示。

（1）当主平台没有与桥平台对齐时，确认接近开关的黄灯一直亮着。如果不是这样，先根据电路图检查线路，看接近开关有无供电。如果接近开关类型不对，换一个。

（2）当主平台与桥平台持平时，确认接近开关的黄灯熄灭，如果不是这样，有可能是因为接近开关离货物挡板距离太远。接近开关的探测距离大约在 3/16 in 或 5 mm。按照这个距离来调节接近开关与货物挡板间的距离，当探测到金属时，黄灯会熄灭。

如果当主平台与桥平台持平后，接近开关没有检测到这个信号，这将是一个很严重的故障。这会导致相关的保护连锁无法激活，会造成严重后果。采取必要的措施，务必解决这个问题。

（3）在诊断中心里找到 DIAGNOSTIC — INPUTS 菜单，确认当主平台上升或下降时，检查 LS-28 超台保护接近开关的参数状态：对齐桥平台时值为"0"，不对齐时值为"1"。

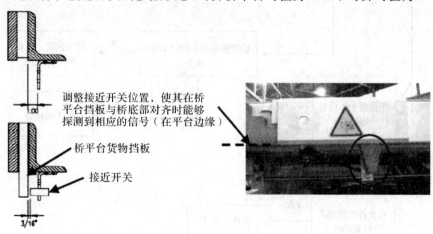

调整接近开关位置，使其在桥平台挡板与桥底部对齐时能够探测到相应的信号（在平台边缘）

桥平台货物挡板

接近开关

3/16"

图 1-175　桥台保护接近开关

注意:如果一个超行程的故障产生,将无法使主平台上升。必须把主平台降到底盘框架位置,来消除这个故障。如果主平台没有响应,必须再次调整超行程接近开关 LS—28 来纠正这个问题。

1.10.6 平台车常见故障排除流程图

1. 货物传送系统故障分析

故障现象:PDU 或万向轮不朝一个方向运动,故障排除流程如图 1－176 所示。

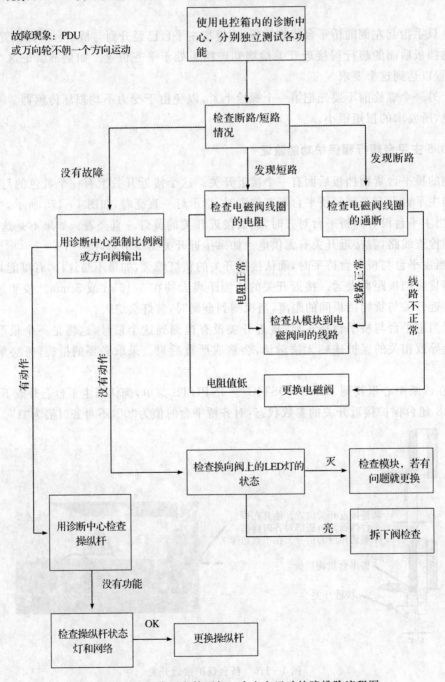

图 1－176 PDU 或万向轮不朝一个方向运动故障排除流程图

注意:按图查找相关的电磁阀电阻值,参照液压原理图查找相关的阀的编号。

2.PDU 常见故障分析

(1)故障现象 1：PDU 或万向轮两个方向不动作,故障排除流程如图 1－177 所示。

II.G.2　PDU慢速

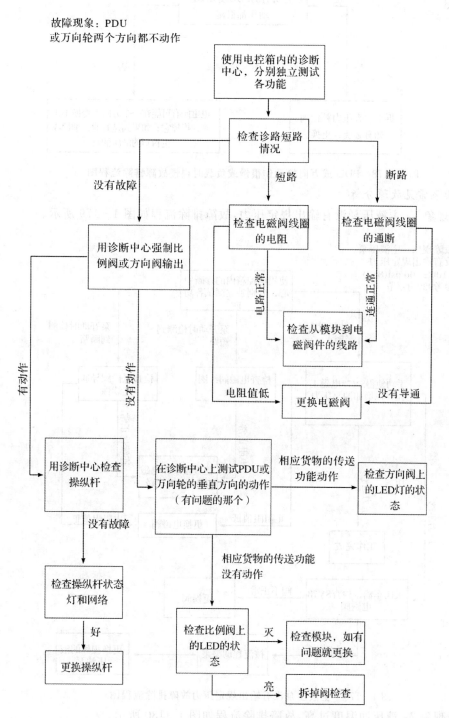

图 1－177　PDU 慢速故障排除流程图

注意:按图查找相关的电磁阀电阻值,照液压原理图查找相关的阀的编号。

(2)故障现象2:PDU或万向轮动作很慢或负载时很慢,故障排除流程如图1-178所示。

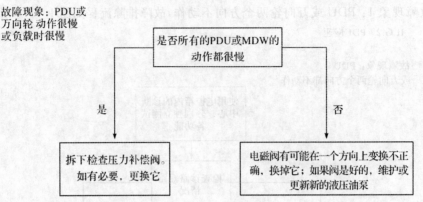

图1-178 PDU或万向轮动作很慢或负载时很慢故障排除流程图

3.液压油泵常见故障分析

(1)故障现象1:主液压泵没有输出规定压力,故障排除流程如图1-179所示。

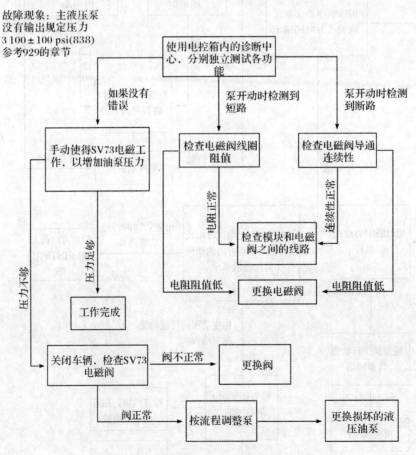

图1-179 主液压泵没有输出规定压力故障排除流程图

(2)故障现象2:液压油温度过高,故障排除流程如图1-180所示。

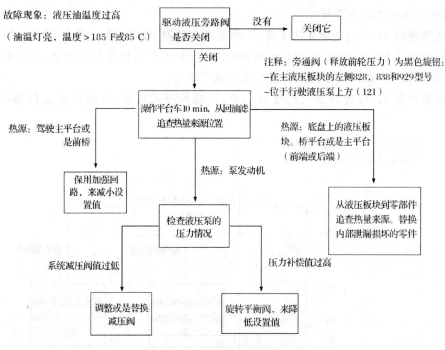

图 1－180　液压油温度过高故障排除流程图

II.G.6.　行驶

故障现象：驾驶功能均无法实现
无法前和后退

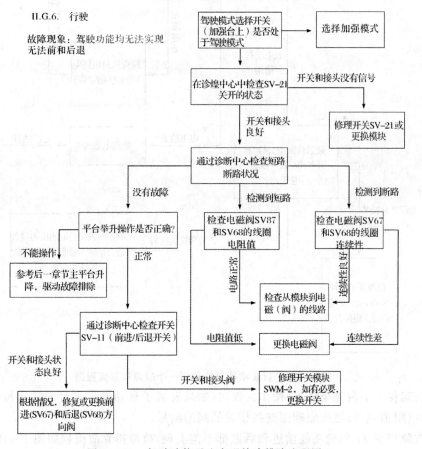

图 1－181　驾驶功能无法实现故障排除流程图

4.驾驶功能常见故障分析

(1)故障现象1：驾驶功能无法实现，无法前进和后退，故障排除流程如图1-181所示。

注意：确保主平台完全降下，操作台收回（如果安装了移动操作平台的话），按图查找相关的电磁阀电阻值，参阅液压原理图查找相关的阀的编号。

(2)故障现象2：行驶功能只能使用一个，只能前进或后退，故障排除流程如图1-182所示。

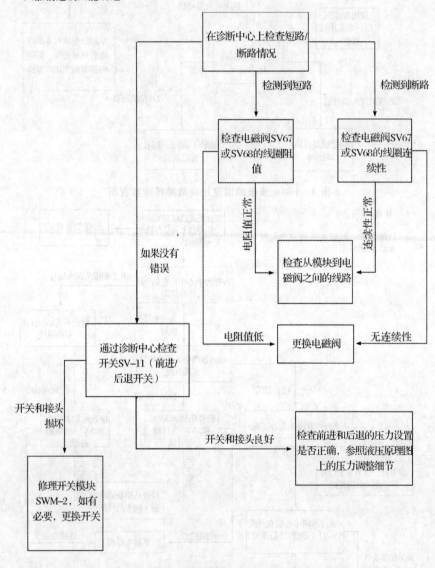

图1-182 行驶功能只能使用一个故障排除流程图

注意：确保主平台完全降下，操作台收回（如果安装了移动操作平台的话），按图查找相关的电磁阀电阻值，参阅液压原理图查找相关的阀的编号。

(3)故障现象3：驾驶功能前进和后退都不能实现，故障排除故流程如图1-183所示。

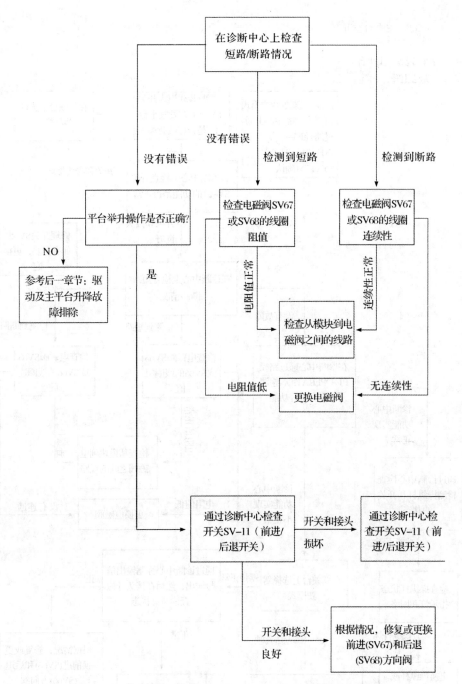

图 1-183 驾驶功能前进和后退都不能实现故障排除流程图

注意:按图查找相关的电磁阀电阻值,参阅液压原理图查找相关的阀的编号。

5.主平台举升常见故障分析

(1)故障现象 1:主平台无法上升、下降,故障排除流程如图 1-184 所示。

II.G.9　主平台举升

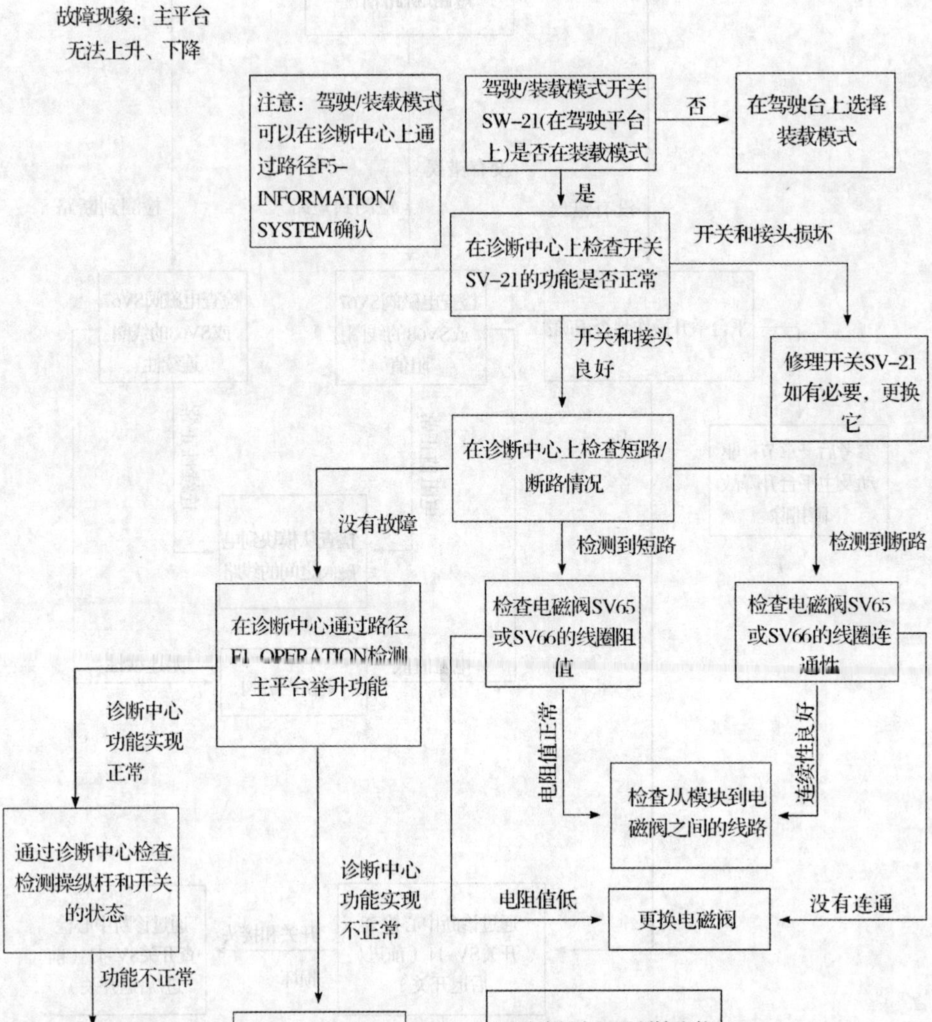

故障现象：主平台
无法上升、下降

注意：驾驶/装载模式可以在诊断中心上通过路径F5-INFORMATION/SYSTEM确认

驾驶/装载模式开关SW-21(在驾驶平台上)是否在装载模式 —否→ 在驾驶台上选择装载模式

是

在诊断中心上检查开关SV-21的功能是否正常 —开关和接头损坏→ 修理开关SV-21如有必要，更换它

开关和接头良好

在诊断中心上检查短路/断路情况

没有故障 / 检测到短路 / 检测到断路

在诊断中心通过路径F1 OPERATION检测主平台举升功能

检查电磁阀SV65或SV66的线圈阻值

检查电磁阀SV65或SV66的线圈连通性

电阻值正常

连续性良好

检查从模块到电磁阀之间的线路

诊断中心功能实现正常

诊断中心功能实现不正常

电阻值低 → 更换电磁阀 ← 没有连通

通过诊断中心检查检测操纵杆和开关的状态

功能不正常

在驾驶台上选择驾驶模式 —驾驶正常→ 通过诊断中心强制输出信号输出，然后在接头处检查诊断灯状态 —正常→ 根据情况，修复或更换前进(SV65)和后退(SV66)方向阀

检查操纵杆状态指示灯和网络

操纵杆坏

无法驾驶

不正常

更换操纵杆或开关

参考下一节主平台与驱动故障排除

检查，如有必要，更换主控单元

图1-184　主平台无法上升、下降故障排除流程图

注意：按图查找相关的电磁阀电阻值，参阅液压原理图查找相关的阀的编号。

(2)故障现象2：主平台可以下降但不能上升，故障排除流程如图1-185所示。

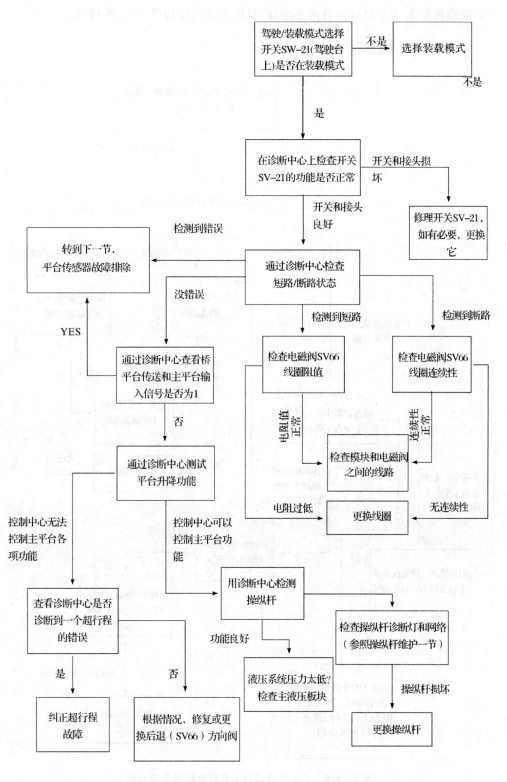

图 1-185　主平台可以下降无法上升故障排除流程图

(3)故障现象 3：主平台可以升但不能降，故障排除流程如图 1 – 186 所示。

故障现象：主平台能够升起来但不能下降

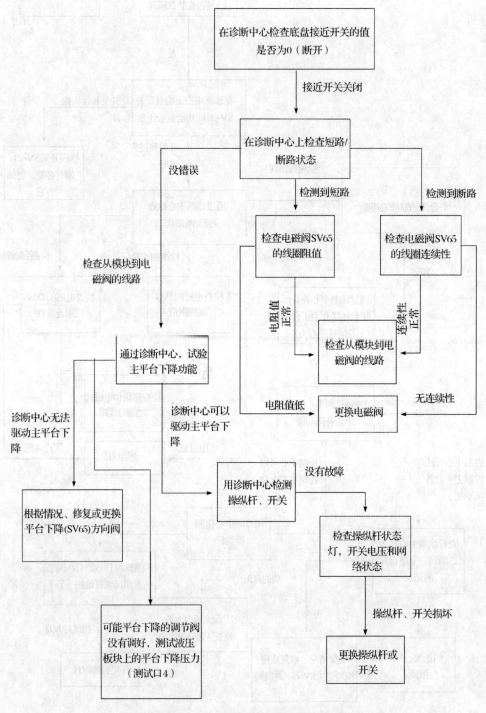

图 1 – 186　主平台可以升不能降故障排除流程图

注意：按图查找相关的电磁阀电阻值，参阅液压原理图查找相关的阀的编号。

(4)故障现象 4：主平台上升下降缓慢，故障排除流程如图 1－187 所示。

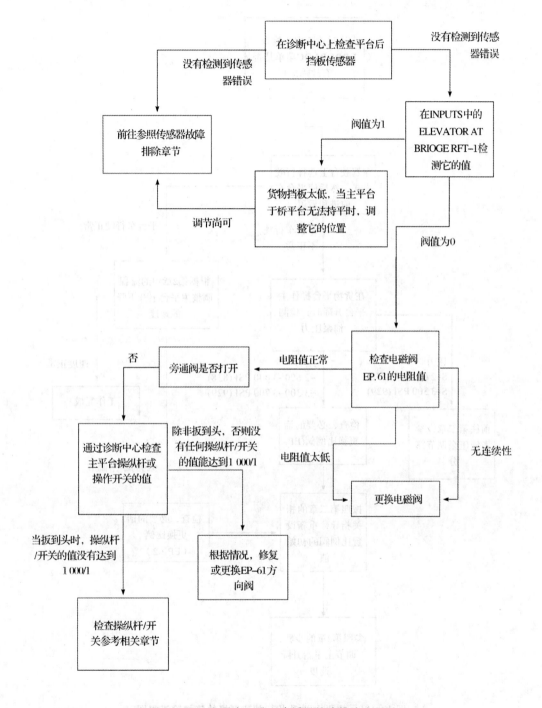

图 1－187　主平台上升下降缓慢故障排除流程图

注意：按图查找相关的电磁阀电阻值，参照液压原理图查找相关的阀的编号。

(5)故障现象 5：主平台举升及行驶速度慢，故障排除流程如图 1－188 所示。

故障现象：主平台举升以及行驶速度慢

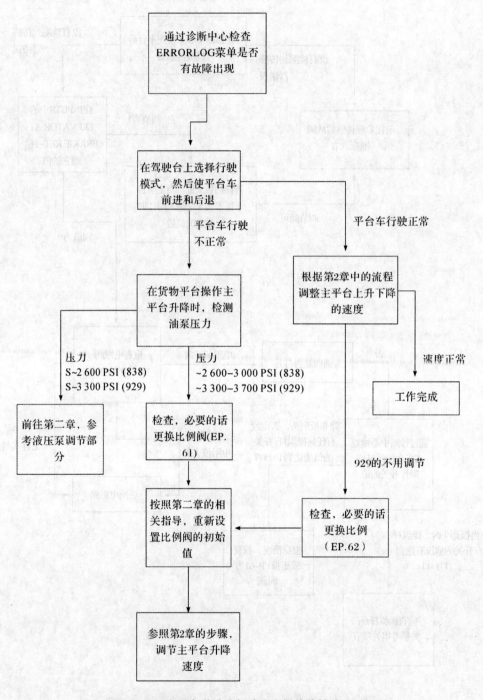

图 1-188 主平台举升及行驶速度慢故障排除流程图

注意：按图查找相关的电磁阀电阻值，参阅液压原理图查找相关的阀的编号。

6. 桥平台货物挡板传感器故障分析

故障现象：主平台对齐桥平台传感器故障，故障排除流程如图 1-189 所示。

故障现象：传感器故障
用于主平台对齐桥平台

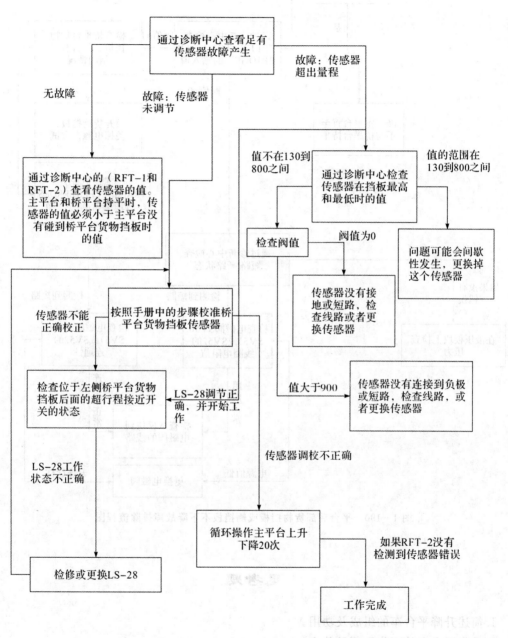

图 1-189　主平台对齐桥平台传感器故障排除流程图

7. 桥平台货物挡板故障分析

故障现象：平台后部货物挡板或侧挡板不下降，故障排除流程如图 1-190 所示。

故障现象：平台后部货物挡板或者侧挡板不降下（未安装60"/150cm联锁选技）

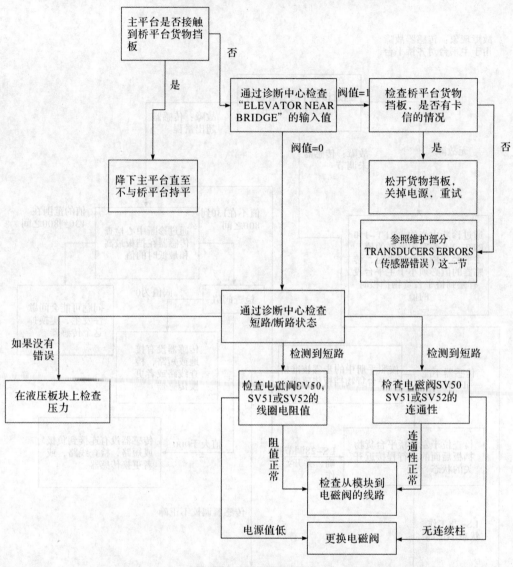

图1-190　平台后部货物挡板或侧挡板不下降故障排除流程图

思考题

1.简述升降平台车的组成及功用。

2.升降平台车的工作原理是什么？

3.升降平台车液压系统设计的特点是什么？

4.简述平台车主平台货物传输的过程。

5.简述平台车桥平台货物传输的过程。

第2章 行李拖头车

2.1 行李拖头车概述

2.1.1 行李拖头车的用途

行李拖头车是用来将行李、货物、邮件等运送至停机位或行李、货物分拣区位的车辆。在飞机进站、出站需要装卸行李、货物和邮件时使用。

图 2-1 行李拖头车

2.1.2 行李拖头车的工作原理

现在民用机场使用的行李拖头车的基本工作原理是:发动机输出的扭矩经过变速箱、传动轴、主减速器、差速器、半轴等传到驱动车轮上,在驱动车轮上产生驱动力矩,通过车轮与路面的附着作用,在驱动车轮的边缘上产生路面作用的向前的纵向反力——牵引力。

2.1.3 行李拖头车的主要技术参数

操作人员一般应掌握行李拖头车的主要技术参数:行李拖头车型号、整车外形尺寸、车厢外形尺寸、行李拖头车自重、最大行驶速度、满载制动距离、发动机型号、发动机排气量、发动机额定功率和变速箱型号等。

2.2 行李拖头车的组成及功用

2.2.1 传动系统的组成及功用

传动系统将发动机的动力传给驱动轮，驱动牵引车行驶。由变速箱、万向传动轴和驱动桥组成，变速箱多选用 2 前进挡，1 后退挡的自动变速箱，结构简单，工作可靠，性能稳定，起步平缓，操作简便。传动轴是由万向节突缘叉、万向节叉、万向节十字轴等组成，双十字轴式万向节传动轴是刚性万向节传动轴。驱动桥由主减速器、桥壳、半轴、轮挡、驱动轮等组成。传动轴传递的扭矩，通过主减速器传给半轴，再由半轴传给驱动轮，驱动牵引车行驶。

1. 变速箱

行李拖头车所用的变速箱通常有手动和自动两种形式，手动变速箱由众多齿轮和轴组成，速比变化是靠驾驶员来实现的，而且各挡速比是固定不变的。自动档变速箱的速比变化是自动实现的，但速比变化也是固定不变的。同时自动变速箱从结构上又是由复杂的行星齿轮组和诸多的换挡执行元件组成。目前，常用的牵引车的变速箱选用的是 2 前进档，1 后退档的自动变速箱，结构简单，工作可靠，性能稳定，起步平缓，操作简便。

（1）自动变速箱主要由以下几部分组成（见图 2-2）。

1）液力变矩器：它包括泵轮、涡轮、导轮、导轮单项离合器、锁止离合器等元件。

2）行星齿轮机构：它包括太阳轮、行星齿轮、行星架、齿圈等元件。

3）液压控制系统：它包括油泵、滤清器、换挡阀、节流阀、速控阀、调压阀、离合器、制动器等元件。

4）电子控制系统（此系统多为高档车所用）：它包括各种传感器、控制电脑、控制程序、自诊断系统等。

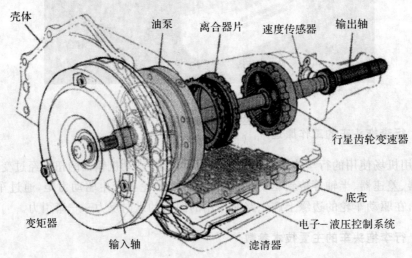

图 2-2 自动变速箱基本组成

（2）自动变速器的工作原理（见图 2-3）。

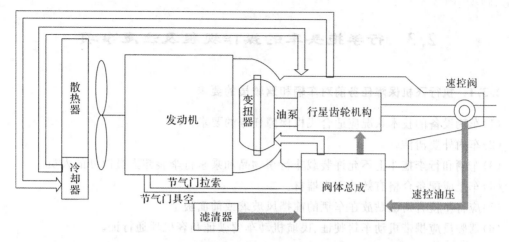

图 2-3 　自动变速器的工作原理

液力变矩器利用液体的流动,将来自发动机的扭矩传递给行星齿轮机构,同时液压控制系统根据行驶需要(节气门开度、车速等信号)来操纵离合器、制动器等执行元件,通过行星齿轮机构获得相应的传动比和旋转方向,从而实现自动变速。

2.传动轴

传动轴由万向节突缘叉、万向节叉、万向节十字轴等组成,双十字轴式万向节传动轴是刚性万向节传动轴,传动轴用于传递扭矩。

3.驱动桥

驱动桥由主减速器、桥壳、半轴、轮挡、驱动轮等组成。传动轴传递的扭矩,通过主减速器传给半轴,再由半轴传给驱动轮,驱动牵引车行驶。

2.2.2 　行驶系统的组成及功用

行驶系由车轮、车桥、车架、悬架等承载和行驶机构组成,用来支撑整车质量,传递和承受路面作用于车轮的各种力,缓和冲击,吸收振动,以保证行李拖头车在各种条件下能正常行驶。

2.2.3 　制动系统的组成及功用

脚制动系统的作用是使行驶中的车辆按照驾驶员的要求进行强制减速甚至停车。该系统为四轮制动,由带有真空助力的总泵和刹车分泵组成。带有真空助力的总泵使得制动可靠、轻便。制动液由制动总泵经比例阀传给各轮的制动分泵。驻车制动是用来防止停放车辆溜车的,由手柄、手刹拉线和后制动器组成。

2.2.4 　转向系统的组成及功用

转向系统是用来改变或恢复车辆行驶方向的,主要包括方向盘、带助力的转向器、转向摇臂、转向拉杆等。

2.2.5 　牵引装置的组成及功用

牵引装置是用来拖挂托盘用的,主要由牵引栓操作手柄、牵引栓、牵引栓架等组成。

2.3　行李拖头车的操作规程及注意事项

2.3.1　执行飞机保障任务前对车辆和驾驶员的要求

（1）车辆设备的技术状况应适合飞机保障任务的要求。

（2）车内外要清洁。

（3）车辆和行李拖斗上不允许装载非行李物品和乘坐行李装卸人员以外的人员。

（4）车上应配备合格有效的灭火器材。

（5）应将年检合格证贴放在车辆的前挡风玻璃或前面板上。

（6）驾驶员应携带机动车驾驶证、民航机动车驾驶证和客机坪通行证。

（7）驾驶员应明确飞机保障任务，掌握航班动态信息。

2.3.2　车辆行驶的操作要求

（1）行驶速度直线不应超过 $25\ \text{km} \cdot \text{h}^{-1}$，转弯、地下室廊道、行李分拣处和颠簸路段不应超过 $5\ \text{km} \cdot \text{h}^{-1}$。

（2）按照规定的路线和速度行驶，不得与飞机和其他车辆抢行。

（3）行驶中应注意观察周围情况，发现危及安全的情况时，应及时采取措施。

（4）牵引车拖挂数量：拖斗不应超过 4 个；LD2，LD3 集装箱不应超过 6 个；集装板不应超过 3 个。

2.3.3　车辆到位时间

（1）进站飞机。在飞机到达停靠前。

（2）出站飞机。按规定时间执行。

（3）临时保障任务。

1）在规定保障时间或要求到位时间前 30 min 以上通知的，按保障时间或通知的到位时间到位。

2）在规定保障时间或要求到位时间前 30 min 以内通知的，在接到通知后 15 min 内到位。

2.3.4　车辆进靠飞机

（1）车辆工作位置。按手册规定执行。

（2）进靠路线。按手册规定执行。

（3）进靠速度。使用最低挡，不超过 $5\ \text{km} \cdot \text{h}^{-1}$。车辆距机身 10 m 以内不超过 $2\ \text{km} \cdot \text{h}^{-1}$。

（4）进靠的操作要求。

1）应在飞机停稳、挡好轮挡和发动机熄灭（航行灯关闭）后进靠。

2）按照规定的速度和路线行进，停靠在规定的工作位置。

3）在进靠过程中应注意观察，发现危及安全的情况应立即停车。

4）进靠时，车辆、拖斗和集装器与飞机任何部位之间的距离不应小于 0.5 m。

5）进靠后的操作要求：将变速器置于空挡位置；在未拉紧手制动前不得抬起脚制动。

2.3.5　车辆工作的操作要求

1. 散装舱装卸

(1)车辆应在距机身 5 m 以外等待并拉紧手制动。

(2)B737，BAE146，YN7 飞机，由装卸人员将行李拖斗摘下并慢速拉至距飞机舱门 0.5 m 外进行作业。使用升降传送带车装卸时，应将行李拖斗拉至距升降传送带车后部 0.5 m 外进行作业。

(3)在装卸人员作业过程中，应监控车辆设备工作情况，不得离开工作岗位。

(4)行李装卸完的拖斗，由装卸人员重新挂到牵引车上。

2. 使用平台车装卸

(1)由装卸人员指挥牵引车重新起步，使集装拖盘与平台车尾部平行并保持 20～50 cm 距离行驶。

(2)当集装拖盘与平台车尾部前后同处一个位置时停车。

(3)由装卸人员打开拖盘卡锁，将集装器从拖盘上推上平台车。卸机时，由装卸人员协助将集装器从平台车推上拖盘(集装箱还应将箱门转向平台车并将卡锁锁定)。

(4)由装卸人员指挥牵引车重新起步，使下一个集装拖盘向前移动并与平台车尾部前后同处一个位置时停车。

2.3.6　车辆撤离飞机

(1)撤离速度不超过 $5 \ km \cdot h^{-1}$。

(2)撤离路线按手册规定执行。

(3)撤离的操作要求：在装卸人员的指挥下，按照规定的速度和路线撤离飞机。

2.4　行李拖头车的应急操作

当行李拖头车在飞机下发生故障，车辆无法进行启动维修时，应立即向有关部门进行汇报，采取措施离开作业区，并重新调用完好的行李拖头车，保证机上行李、货物的拖运作业。故障行李拖头车的应急撤离，可以采用人工助推、车辆牵引、叉车作业等方式实现。

当行李拖头车接近飞机出现刹车失灵时，行李装卸人员应及时协助车辆贺驶员，使用轮挡阻挡车辆继续前进，避免车辆和航空器发生碰撞。

2.5　行李拖头车的日常维护

2.5.1　行李拖头车日常维护

(1)检查发动机冷却水位是否正常。

(2)检查燃油存储量。

(3)检查发动机油位是否正常。

(4)检查油管、水管、排气管及各附件有无渗漏现象。

(5)检查紧固轮毂螺栓、半轴螺栓及检查轮胎气压和磨损情况。

(6)检查转向及制动系统的灵活性与可靠性。

(7)检查电瓶、电气线路及各仪表工作是否正常。

(8)检查牵引栓是否正常。

(9)外表面除尘除污。

2.5.2 行李拖头车技术检查标准

(1)车身无记录外刮碰痕迹,反光镜、灭火瓶、车牌齐全,车上无异物,车的外观要整洁规范。

(2)车桥无断裂,无渗漏缺油;轮胎、半轴螺丝无松动,轮胎无损伤,胎面无严重磨损,气压正常(±0.5)。

(3)电瓶不缺水,极柱无氧化物,表面清洁气孔通畅。各类导线排布合理,连接、固定可靠,无磨损。

(4)各种开关、手柄操作顺畅,所控制的功能齐全有效,防尘罩、防雨胶套齐全完好。

(5)发动机油量在规定的范围内,总成无渗漏,传动皮带无破损,附件安装牢靠,运转平稳、无异响。

(6)油门踏板连接安装应可靠牢固,工作时不犯卡。

(7)冷却系统散热器安装牢靠,冷却系统功能正常、无渗漏。

(8)各种灯光齐全、有效,仪表指示齐全、有效、准确。

(9)转向机转动轻松、动作准确,固定螺栓紧固良好,无滴漏,转向球头、转向节、转向拉杆无旷动,固定螺栓紧固良好。

(10)刹车油油量显示在规定的范围内,刹车踩下柔和、有效、准确、可控,脚刹踏板、总泵的各部分连接安装应可靠牢固,系统无滴漏。踩死刹车踏板,时速 20 km 时,最大制动距离小于5.5 m,点刹不跑偏。手制动可操作,有功效。

(11)变速箱无滴漏,挂挡排挡装置可顺利挂入正常挡位,可在任意挡位行驶,加油时车不犯闯。行驶不跑偏、不把劲。

(12)灭火瓶齐全有效。

2.6 行李拖头车的故障排除

行李拖头车的故障排除过程如下。

(1)传动轴有异响:检查传动轴螺丝是否松动,检查润滑状况,检查万向节是否过度磨损。

(2)方向盘抖动不稳定:检查调整轮胎气压,更换磨损的转向轴销及套,更换磨损的压力轴承,调整或更换转向拉杆球头,调整或更换轮毂轴承,检查调整转向机内部间隙,检查前轮轮胎,检查调整前束,检查转向机机体的固定。

(3)制动力不足:检查刹车油,排除刹车系统内的空气,清理或更换污损的刹车片,维修或更换发生故障的制动总泵,清洗阻塞的刹车系统。

思考题

1. 简述行李拖头车的组成及工作原理。
2. 行李拖头车行驶的操作要求有哪些？
3. 行李拖头车执行飞机保障任务前对车辆和驾驶员的操作要求有哪些？
4. 简述行李拖头车传动系统的组成及功用。
5. 行李拖头车技术检查标准是什么？

第3章　行李传送车

3.1　行李传送车概述

3.1.1　行李传送车的定义和作用

行李传送车是装卸行李、包裹、散件货物等的机动传送设备。行李传送车主要用于保障各类机型的航班行李、货物和邮件进出飞机底舱，或用于不同高度点之间传送货物的专用设备。

3.1.2　行李传送车的主要技术参数

操作人员一般应掌握行李传送车的以下主要技术参数：行李传送车型号、行李传送车型号、转弯半径、最大总质量、最高安全车速、制动距离、传送高度、传送带机架尺寸、传送能力、传送速度、液压系统流量、液压系统最大工作压等等。以 DS5040 型行李传送带车为例介绍行李传送车的主要技术参数（见表 3-1）。

表 3-1　DS5040 型行李传送车主要技术参数

行李传送带车型号		TGJ5040TXL 液压手动控制式
外形尺寸	长	8 100 mm
	宽	不大于 2 100 mm
	高	不大于 1 700 mm
轴距		2 490 mm
轮距	前	1 385 mm
	后	1 375 mm
接近角		14°
离去角		9°
转变半径		5.2 m
最大总质量		3 136 kg
最高安全车速		35 km·h^{-1}

续表　　　　　　　　　　　　　　　　　　　　　　　　　　　　　　　　　　　　　单位

行李传送带车型号	TGJ5040TXL 液压手动控制式				
制动距离(车速 30 km·h⁻¹)	小于 7 m				
贺驶室内座位数	1 人				
传送高度	前后不升	前	1 200 mm	后	600 mm
	前升后不升	前	4 200 mm	后	350 mm
	前后升	前	4 100 mm	后	1470 mm
传送带机架尺寸	长度	7 950 mm			
	宽度	850 mm			
传送能力	100 kg·m⁻¹				
	前后不升	1 500 kg			
	前升后不升	500 kg			

3.1.3　行李传送车的类型

行李传送带车可分为液压手动控制式行李传送车和液压电磁控制式行李传送车两种类型,如图 3-1 和图 3-2 所示。

图 3-1　液压手动控制式行李传送车　　　　图 3-2　液压电磁控制式行李传送车

3.2　行李传送车的组成及功用

3.2.1　行李传送车基本结构

行李传送车由车辆底盘部分、传送装置、支撑装置、传送带机架、液压系统组成和电气控制系统组成。

1.车辆底盘部分

车辆底盘部分需根据用户需求,选择汽车底盘改装。

2.支撑腿装置

支撑腿装置是为了在传送货物时达到安全、平稳。因此,在汽车底盘前后四个角处各安装一个油缸,在传送工作时,将整车顶起使汽车轮胎离开地面,达到传送时的平稳性。

3.传送带机架

传送带机架两侧为方管型钢结构,选用不同截面形状的矩型材料焊接连成一体。前、后滚筒通过连接轴安装于大梁前、后部,辅助滚筒则安装于大梁内侧的片式槽内,且前、后部装有传送皮带跑偏调整装置,通过后滚筒处的调节螺杆调节传送皮带的前后位置,从而达到拉紧传送皮带及减少皮带跑偏的目的。

4.传送带传动马达

传送带传动马达安装在传送机架右内侧,通过链轮驱动前滚筒从而带动传送皮带转动。纵梁后下部的连杆与后部门式提升架连接,前端架在前部门式提升架的滚轮上,一旦两个升降油缸动作,传送机架纵梁随油缸活塞杆的伸缩而动作。

5.液压系统

液压系统包括液压油箱、取力器、油泵、前后升降油缸、传送马达、支撑脚油缸、手动电磁换向阀、液控单向阀、集成块、双向锁、压力表和手动应急泵。

6.电气系统电气系统

在原底盘车固有的电气基础上增加了液压系统控制电气部分。

3.2.2 行李传送车的工作原理

行李传送车的工作原理是将发动机输出的机械动力,通过取力器主动齿与变速器动力输出轴连接,取力器动力输出轴带动液压油泵工作,为液压系统提供液压动力油。4个支撑脚由一个手动操控阀来实现支撑脚油缸的收放,前后升降液缸由两个手动操控换向阀控制实现液缸升降,传送带液压马达由一个电磁换向阀控制实现前后传动,整个液压系统的压力由溢流阀调定,电磁溢流阀为常开式,当不通电时,系统压力为零,当通电时调压阀达到系统压力,电磁溢流阀线路与每个电磁换向阀接通,当任意一个电磁换向阀工作时,电磁溢流阀工作,建立系统压力,溢流阀压力出厂时已调定并锁紧,液压调定值为 8 MPa,一般情况下不要随意调整。液压系统采用46♯抗磨液压油。

3.3 行李传送车的操作规程及注意事项

3.3.1 出车前的基本检查

(1)检查燃油。选用符合标准的柴油,气温在 0 ℃ 以上时可选用 O♯柴油,气温在 0 ℃ 以下时可依气温不同选择—10♯,—20♯,或是—30♯柴油。检查燃油箱内的燃油量,以确保发动机工作正常。

(2)检查发动机机油。选用符合标准润滑油,冬季可选用 10W−30 等级之复合黏度的机油,夏季可选用 15 W−40 等级之复合黏度的机油。

(3)检查机油量。将车辆停放于水平场地,从发动机上拔下机油尺,擦拭清洁后再插入测量。取出后观察,机油面应位于机油尺的上下刻度之间。

(4)检查冷却液。打开水箱盖水位应位于水箱口处。

(5)检查制动液。保持制动液罐内液面位于刻度线以上。可选用 DOT3 或其他相同等级的非矿油类制动液。

(6)检查蓄电池。检查桩头连接是否牢固;检查电解液是否外溢,外壳是否破损,以及电解液液面是否位于上下刻度之间。

(7)检查轮胎气压和轮胎磨损情况。

(8)检查灯光。检查所有灯光是否正常。

(9)检查液压油。液压油可通过位于液压油箱上的油面观察孔检查油面。油液应清洁,不应有混浊及杂质。

(10)检查液压管路、机油管路、水管是否渗漏。

(11)检查传送皮带有无破损,举升装置、叉架有无损坏。

(12)灭火瓶齐全有效。

3.3.2　行李传送车与飞机对接时的操作程序

(1)当飞机到达预定机位,待飞机发动机熄灭,航行灯关闭,机务人员挡好轮挡后,方可进入作业区域。

(2)进入作业区域,将行李传送带车的缓冲橡胶管对准飞机舱门,应在距飞机 20 m 处停车,重新起步,然后以 2 km·h^{-1} 的车速对靠飞机。

(3)在对靠飞机舱门时,应使用"二次"对靠机法。

(4)将行李传送带车以慢速接近飞机舱门。

(5)待舱门打开后,挂合取力器,根据飞机舱门高度,调整行李传送车前/后升降作动筒的作业高度。

(6)再以更缓慢的速度对靠飞机舱门,在缓冲橡胶管距飞机舱门边缘 50 mm 时停车,挂空挡,并且拉紧手制动。

(7)将支撑脚收/放手柄扳至"放"位,放下前后支撑脚,并挡好轮挡。

(8)打开传送控制电源总开关。开始货物装卸作业。

3.3.3　行李传送车传送时的作业程序

(1)根据装卸需求调整传送带前端与飞机舱门的对接高度差。

(2)根据货物装卸的需求选择传送带传送的方向。

(3)根据货物在传送带上的高度及时准确的调整传送带架的高度。

(4)根据货物在传送带上的间隔密度和装卸频率,合理调整传送带的传送速度。

(5)根据货物在传送带上的重量,合理调整传送带的传送速度。

3.3.4　行李传送车撤离飞机时的操作步骤

(1)作业完毕后,先将后油缸升/降手柄扳至"降"位,将后升降油缸降下。

(2)再将前油缸升/降手柄扳至"降"位,将前升降作动筒降下。

(3)之后将支撑脚收/放手柄扳至"收"位,将支撑脚收起。

(4)关闭传送控制电源总开关,摘掉取力器。

(5)驾驶员必须绕车一周,查看支撑脚是否收起,收起轮挡。

(6)撤离飞机时,驾驶员必须仔细观察周围情况,等待操作工发出准许撤离信号后,方可撤离。

(7)松开手制动,挂倒挡,慢速撤离(车速不大于 2 km·h⁻¹)。

(8)撤离倒车时,应注意观察车辆后方有无障碍。

(9)撤离作业区域后应按规定的车速、路线驶回停车位。

(10)开回停车位后,应挂空挡,拉紧手制动,切断电源。

3.3.5　行李传送车运行作业中的注意事项

(1)行李传送车应按规定的路线和车速行驶,注意避让滑行飞机,与滑行的飞机保持不得少于规定的距离,严禁与飞机抢行和在旅客中穿行。

(2)行李传送车在保障航班时,应提前 15 min 到达作业现场,到达现场后应将车辆停放于机位左前方 20 m 处等待。

(3)行李传送带车进入作业区域时,应采用"二次"靠机法,距离飞机舱门 20 m 处停车,确定安全准确后再对靠飞机。

(4)行李传送带车在传送筒降至最低位时,允许最高车速为 25 km/h,当传送筒升至最高位时,车速不准超过 5 km·h⁻¹。

(5)行李传送带车在传送过程中,不允许传送带上站人,以免发生危险。

(6)行李传送带车与飞机舱门对接时,应使平台缓冲橡胶筒距机身 30～50 mm,保证操作安全。

(7)行李传送带车司机不得离开工作岗位,应随时注意调整传送带的高度或将车辆撤离航空器。

3.4　行李传送车的应急操作

3.4.1　行李传送车应急操作程序

(1)当发动机无法运转但电气系统工作正常时,可以直接使用面板操作开关降下传送带架,并放松手刹车同时将换挡杆置于空挡,使用牵引车将其拖离。

(2)当电气系统故障无法使用面板操作开关将传送带架降下时,可以打开车辆驾驶台前舱门按下位于电磁阀上的手动按钮,同时使用工具顶下位于举升油缸下端的电控截止阀阀芯将传送带架降下,并放松手刹车同时将换挡杆置于空挡,使用牵引车将其拖离。

(3)当液压油管爆裂,无法使用应急泵时,可拆掉各支撑脚油管,用撬棍将支撑脚撬离地面,然后将车辆撤离飞机。

3.4.2　行李传送车应急操作时的注意事项

(1)当行李传送带车在运行中遇到机械故障(或电路、液压系统故障)时,应立即切断动力源(关停发动机)和电源。

(2)查明故障原因后,方可将故障设备撤离作业现场。

(3)撤离现场时,通过手动应急泵、液压控制系统将机动型行李传送带车撤离作业现场。

(4)当行李传送带车发动机或液压油泵发生故障时,在紧急情况下(如需脱离飞机),可用手动泵将前后支撑脚收起，将行李传送车撤离飞机。

(5)操作人员应选取合适位置并注意观察避免造成人员伤害。

3.5　行李传送车的日常维护

3.5.1　行李传送车的维护制度

行李传送车的维护保养可根据行驶里程或发动机工作时间，也可以实施季节保养的方法。

3.5.2　行李传送车的维护范围

1. 行李传送车的日常检查内容

(1)检查添加发动机机油、液压油、刹车油、冷却液和电瓶电解液。

(2)检查调整发电机皮带松紧度。

(3)检查紧固各固定螺栓及轮胎、半轴螺栓，轮胎的气压和磨损情况。

(4)检查修复损坏的灯光及用电设备。

(5)检查液各油管、压油缸、水管、有无渗漏，大梁、叉架有无变形和断裂。

(6)灭火瓶齐全有效。

(7)清洁车辆。

2. 行李传送车的维护保养内容

(1)检查发电机皮带张力。

(2)检查制动管路是否有渗漏。

(3)检查蓄电池和接线柱和电解液比重。

(4)检查添加刹车油。

(5)检查添加液压油，更换液压油滤清器。

(6)检查空调压缩机皮带张力。

(7)检查车轮螺母、半轴螺栓紧固情况。

(8)检查轮胎气压和磨损情况。

(9)检查更换空气滤清器。

(10)更换发动机机油和机油滤清器，检查添加变速箱油、车桥油。

(11)检查液各油管、压油缸、水管、有无渗漏，大梁、叉架有无变形和断裂。

(12)安全保护装置齐全有效。

(13)检查转向系、传动系、制动系的工作情况。

(14)检查、调整气门间隙。

(15)检查保养发电机及其工况。

(16)检查保养启动机及其工况。

(17)检查各仪表工作是否正常。

(18)检查灯光的工作是否正常。

(19)检查皮带有无破损。

(20)加注各润滑点润滑脂。

3.6 行李传送车的常见故障排除

行李传送车常见故障特征、原因分析及排除方法见表3-2。

表3-2 行李传送车常见故障特征、原因分析及排除方法

故障特征	原因分析	排除方法
皮带打滑	皮带调整过松	调整至合适紧度
皮带跑偏严重	前后两端滚筒不平衡	调整到平衡
辅助滚轴不转动或有异响	(1)轴承缺油锈死 (2)轴承损坏	(1)拆洗润滑 (2)更换轴承
链条箱有摩擦声	(1)链条碰擦箱体 (2)缺油 (3)链条过松	(1)排除链条碰擦箱体 (2)润滑 (3)调节链条
前后油缸升降料动不均匀,压力偏高	(1)升降油缸内有空气 (2)油缸连接耳环轴面不平,产生扭曲现象 (3)前后油缸接头孔与前后撑脚架孔不同心,撑脚轴销配合间隙过盈 (4)压力过大 (5)前后油缸接头配合间隙过盈与叉架开档过小,配合过紧卡死 (6)前撑脚架滚轮与传送带构架开档配合间隙过紧,摩擦力过大 (7)前滚筒轮失灵(时紧时松)	(1)将升降作动筒升至最高位,通过排气螺塞将作动筒祥的空气排除 (2)将耳面垫平 (3)检查接耳内孔与作动筒轴销间隙应保持在0.05～0.10 mm并注足润滑油 (4)调节压力弹簧或更新 (5)拆下接头,将两端面加工,保持配合间隙为0.5～0.8 mm (6)将滚轮限位面间隙增大,要求配合间隙为4～5 mm (7)拆下检查清洗,加油或更换
取力箱接通后,操纵电磁阀,液压系统无压力或压力过低	(1)液压油箱油位过低 (2)油泵进油口未拧紧,进气 (3)压力表缓冲口堵,此时液压机构能动作 (4)某一电磁阀阀芯堵于中位不能移动,使液压油盲接回油箱	(1)检查液压油液面高度,补充液压油 (2)检查进油口拧紧程度,保证接头无泄漏 (3)拆下清洗 (4)清洗电磁阀,并用压缩空气吹净后,重新安装
传送架机构不能升降,传送带不能转动,支撑脚不能收放	(1)电磁阀不工作 (2)电气接触不良 (3)电磁阀不动作 (4)取力箱不工作	(1)拆洗电磁阀 (2)检查接线情况 (3)检查电磁阀是否正常动作 (4)检查取力箱离合器是否啮合
整个系统无压力	(1)电磁阀不工作 (2)溢流阀已有故障大量泄油;单向阀不密封	(1)检查电源线路 (2)拆除、清洗、重新装配;拆下单向阀分解,检查密封口

续表

故障特征	原因分析	排除方法
传送带运转力不足,传送架机构提升力不足	(1)密封圈磨损或损坏 (2)电磁换向阀磨损或内漏 (3)管路系统漏油 (4)油泵严重内漏 (5)油马达严重内漏 (6)溢流阀调整不当,系统压力偏低 (7)吸油管及滤油器堵塞	(1)更换密封圈 (2)拆查、修复或更换 (3)找出漏油处并予以排除 (4)更换油泵 (5)更换马达 (6)将系统工作压力调整至规定值 (7)清洗滤油器并更换液压油
取力箱声音过响	(1)缺少润滑油 (2)取力箱与变速箱齿轮啮合过紧 (3)取力箱小齿轮与大齿轮啮合精密度差 (4)取力箱内或变速箱内有异物	(1)检查齿轮润滑油量并添加 (2)取力箱与变速箱之间适当加装热耐油石棉垫,保持啮合间隙 0.5 mm (3)拆检、研磨齿轮,并检查齿与齿之间径向跳动精密度 (4)放出齿轮油,清洗检查并取出异物
升降前后油缸或收放支撑脚时发出异响	(1)前后油缸的链轴平面扭曲 (2)安全阀压力过大 (3)某一根管路过于弯曲,使回油时流过频率与发动机频率发生共鸣 (4)前弹簧钢板强度降低,导致下沉	(1)拆下垫平,添加润滑油 (2)调节压力 (3)更换管路,并改变管路角度 (4)更换弹簧钢板
无压力或达不到规定的压力	(1)液压油箱缺油 (2)油路吸入空气,有漏油现象 (3)油路堵塞 (4)齿轮油泵内泄 (5)电磁阀芯不到位 (6)电子线圈烧坏通电后,推不动电子阀芯	(1)检查液压油箱平面,加足液压油 (2)用肥皂水检查是否漏气 (3)检查管路或滤网是否堵塞,清洗并排除 (4)检查内泄,必要时需更换 (5)拆下更换 (6)拆下修理或更换
转向器有啸叫声	转向油路内有空气进入,排除空气即可	松开连接转向器的进出口接头,其启动发动机,将方向盘左右旋转数遍,直至到空气排除为止
操作系统工作,源指示标灯不亮	(1)保险丝烧断 (2)电源开关接触不良	(1)检查保险丝,若损坏,立即更换 (2)检查开关,若损坏立即更新电
撑脚信号灯不亮	(1)电磁阀失灵 (2)开关接触不良 (3)信号灯坏	(1)更换电磁阀 (2)更换电门 (3)更换灯
传送带停止按钮失	(1)按钮常闭 (2)断电器弹簧力小 (3)触点烧结断不开	(1)更换按钮 (2)更换电门 (3)更换控
传送带有时不工作或单向工作	(1)电磁阀故障 (2)按钮接触不良 (3)接头松动	(1)更换电磁阀 (2)修理更换 (3)修理更换

续表

故障特征	原因分析	排除方法
启动器不运转	(1)蓄电池电力不足 (2)电缆接触不良 (3)启动器或启动器开关失效 (4)安全继电器失效 (5)换档杆未置于空挡	(1)充电或更换电池 (2)检查电缆确保接触良好 (3)检查并更换启动器或开关 (4)更换安全继电器 (5)将换档置空挡
启动器转动但发动机不点火	(1)没有燃料供应 (2)发动机关车系统无法恢复到原来的位置 (3)油箱没有燃料 (4)燃油过滤器滤芯阻塞 (5)燃料系统含有空气 (6)供油泵故障	(1)检查燃油供应系统 (2)检查发动机关车系统并将系统复位 (3)加注燃油 (4)清洁过滤器滤芯 (5)排除系统内的空气 (6)检修供油泵
燃料已注入,但发动机不点火	(1)润滑油黏度不当 (2)预热操作不当 (3)预热塞失效 (4)喷射正时不正确 (5)气缸压缩比低	(1)更换枯度适当的润滑油 (2)正确操作预热系统 (3)更换预热塞 (4)调节喷射正时 (5)调节正确的压缩比
发动机点着,但随即失效	(1)紧急停车按钮未复位 (2)供油泵受限制 (3)燃料系统含有空气 (4)怠速调整不当	(1)将停车按钮复位 (2)调节供油泵 (3)排除系统内空气 (4)调整怠速
发动机怠速运转不稳定	(1)控制杆调整不当 (2)喷油管破裂 (3)喷油嘴失效 (4)发动机停车按钮受限于停止位置 (5)气缸压缩比不均匀	(1)正确调整控制杆位置 (2)更换喷油管 (3)更换喷油嘴 (4)将按钮调节至正确位置 (5)调节正确的压缩比
发动机怠速过高	(1)控制杆调整不当 (2)控制器内部故障	(1)正确调整控制杆位置 (2)排除控制器故障
发动机转速无法降低	发动机调速器受限制或卡死	调节发动机调速器
发动机在中速范围、不稳定	(1)控制器弹簧不良 (2)空气阻塞燃料系统 (3)燃料过滤器滤芯阻塞 (4)燃料从过滤器溢流阀漏损	(1)调节或更换控制器弹簧 (2)排除系统内的空气 (3)清洁过滤器滤芯中的杂物 (4)调节或更换溢流阀

续表

故障特征	原因分析	排除方法
发动机过热,冷却系统故障	(1)冷却液不足 (2)风扇皮带打滑 (3)节温器故障 (4)散热器盖发生故障 (5)冷却系统内部堵塞 (6)散热器阻塞 (7)维修不当燃料喷射正时不正确 (8)发动机超负载 (9)气缸压缩比不良 (10)气缸漏损 (11)气门间隙调整不当 (12)喷油嘴固定器装置密封不良 (13)气缸孔磨损 (14)进气量不足——空气滤清器阻塞	(1)加注冷却液 (2)调节或更换风扇皮带 (3)更换节温器 (4)检查、排除散热器盖故障 (5)排除冷却系统内部堵塞物 (6)排除散热器阻塞物 (7)重新调整喷射正时 (8)选择适当的输出功率 (9)调节气缸压缩比 (10)检修气缸 (11)调整气门间隙 (12)更换喷油嘴固定器密封装置 (13)检修气缸 (14)清洁空气滤清器内杂物
调速器发生故障,发动机控制调整不当	(1)控制器弹簧疲乏 (2)气缸压缩比过低 (3)气门间隙调整不当 (4)喷油嘴固定器装置密封不良 (5)气缸孔磨损	(1)更换控制器弹簧 (2)调整气缸压缩比 (3)调整气门间隙 (4)检查并更换喷油嘴密封装置 (5)检修气缸
进气不足	(1)空气滤清器阻塞 (2)增压器故障	(1)清洁空气滤清器内杂物 (2)检查、排除增压器故障
润滑油消耗过大	(1)润滑油规格不正确 (2)润滑油的黏度选择错误 (3)润滑油加注过多	(1)选用正确规格的润滑油 (2)选用正确黏度的润滑油 (3)选择正确的加注量
润滑油泄漏	(1)垫圈损坏 (2)旋紧不当 (3)过滤器和管路装置安装不当	(1)更换垫圈 (2)适当旋紧 (3)正确安装过滤器和管路
燃料消耗过大	(1)燃料泄漏——垫圈损坏,安装或旋紧不当 (2)供油过多——喷射泵调整不当 (3)发动机超负荷运行	(1)更换垫圈,正确安装或旋紧 (2)调节喷射量,减少供油量 (3)减小发动机的输出功率
过多的白烟	(1)燃油含有水 (2)压缩比低 (3)喷油正时不当 (4)散热器温度过低	(1)更换燃油 (2)调整压缩比 (3)调整喷油正时 (4)减少散热量

续表

故障特征	原因分析	排除方法
润滑油压力低	(1)润滑油不足——润滑油泄漏 (2)润滑油消耗量大 (3)润滑油不正确——错误的黏度选择 (4)冷却液温度高——冷却系统故障 (5)过滤器及滤网堵塞 (6)轴承及油泵受损 (7)溢流阀故障	(1)加注润滑油,检查并排除润滑油泄漏 (2)调节润滑油加注比例 (3)选择黏度正确的润滑油 (4)排除冷却系统故障 (5)清除过滤器及滤网的杂物 (6)修复或更换轴承及油泵 (7)修复或更换溢流阀
过多的黑烟	(1)空气滤清器堵塞或喷油嘴受损 (2)喷油嘴调整不当 (3)喷油正时不当 (4)喷油量调整不当 (5)燃油不正确	(1)清除堵塞物物、修复或更换喷油嘴 (2)调整喷油嘴 (3)调整喷油正时 (4)调整喷油量 (5)选用正确的燃油
传送带架不能升降	(1)空档档位不正 (2)空档开关损坏 (3)电磁阀动作继电器损坏 (4)保险丝损坏 (5)二极管损坏 (6)电磁阀损坏	(1)调节空档档位 (2)更换空档开关 (3)更换继电器 (4)更换保险丝 (5)更换二极管 (6)更换电磁阀
传送皮带不能动作	(1)空档档位不正或损坏 (2)电磁阀动作继电器损坏 (3)二极管损坏 (4)电磁阀损坏	(1)调节档位或更换开关 (2)更换继电器 (3)更换二极管 (4)更换电磁阀

思考题

1.简述行李传送车的组成及工作原理。

2.行李传送车出车前的检查有哪些?

3.行李传送车应急操作程序是什么?

4.行李传送车应急操作的注意事项是什么?

5.行李传送车撤离飞机时的操作步骤是什么?

第4章 叉 车

4.1 叉车概述

4.1.1 现代叉车的发展趋势

世界上叉车最早出现在 20 世纪初,美国于 1928 年制造出电动叉车,美国克拉克公司在 1932 年把叉车投放市场,随后叉车得到了快速的发展。在第二次世界大战期间,叉车被广泛应用于储存和搬运军用物资,叉车的发展更为迅速。第二次世界大战后,在欧美发达国家叉车的品种和产量急剧上升。目前叉车产量较大的国家是美国、日本、德国、英国和保加利亚,我国近几年的叉车产量也属于较大的国家之一。

我国的叉车起步相对较晚,蓄电池叉车诞生于 1954 年,内燃叉车诞生于 1958 年。从 20 世纪 80 年代中期开始,我国引进国外先进技术,例如大连叉车总厂引进日本三菱公司 10～40 t 内燃平衡重叉车和集装箱叉车技术;合肥叉车总厂、宝鸡叉车公司引进日本 TCM 株式会社 1～10 t 叉车技术;北京叉车总厂引进日本三菱公司 1～5 t 内燃平衡重叉车技术;天津叉车总厂引进保加利亚巴尔干车辆公司 1.25～6.3 t 内燃叉车技术;杭州叉车总厂引进德国 O&K 公司静压传动叉车、越野叉车和电动叉车技术;湖南叉车公司引进英国普勒班机械公司内燃防爆装置技术等。

我国自从引进国外先进叉车技术以后,各企业经过认真消化吸收,在引进技术的基础上积极对产品进行更新和系列化,很快就设计制造出国产叉车,并受到用户好评。当时整体水平与世界先进水平还有差距。近年来通过不断研制,有些产品已赶上世界先进水平,而且差距越来越小,并有能力达到与世界强手竞争的技术水平。现代叉车技术呈下述发展趋势。

(1)驱动电动机及电控由直流向交流方向发展。采用交流电控可以提高生产率、加速快,可提高车辆行驶速度和门架起升速度,且高速行驶时输出转矩大。三相交流异步电机是交流驱动系统的主要组成部分,其工作原理是三相交流电输送给定子绕组,产生旋转磁场,感应闭合的转子绕组,从而产生感应电流,感应电流的磁场与定子旋转磁场相互作用,便产生电磁力推动转子旋转。在同样工况下,交流行走驱动电机与直流行走驱动电机相比:交流电机能耗小、动力强、效率高、噪音低、体积小、重量轻、再生能量高、电磁干扰小、终身免维护、结构简单、易于冷却和寿命长等优点。随着交流电机控制能力大大增强和交流电机控制器硬件部分的成本逐步降低,为交流电气驱动系统广泛应用和普及创造了良好的基础。另外,交流电动机无电刷和换向器,不必定期维护,也使整个交流控制系统运行费用降低。

（2）操纵系统向集成化方向发展。随着操作人员对操作舒适性的要求越来越高，集成化操纵成为发展趋势。所谓集成化操纵就是用一个操纵手柄完成蓄电池叉车的所有控制动作：叉车前进与后退、门架前移与后退、门架上升与下降、货叉前倾与后倾、货叉左侧移与右侧移。集成化操控可降低操作人员的劳动强度，进而提高劳动效率。目前，Jungheinrich 的产品已采用这种舒适、方便的集成操纵系统。

（3）发展环保型叉车。为了提高人类的生活质量，改善生存环境，全球性的环保要求日益严格。汽车的环保要求世界各国均在积极而有步骤的实施。属于非道路车辆的内燃叉车的环保已成为世界共同关注的焦点。因此，环保型叉车将成为市场发展的主流，所以环保型叉车必须加强、加快研制，提高技术水平，这种产品是今后发展的方向。

（4）节能和机电液一体化高新技术的应用。微电子技术、传感技术、信息处理技术的发展和应用，对提高叉车整体水平，实现复合功能，以及保证整机及系统的安全性、控制性和自动化水平的作用将更加明显，使电子与机械、电子与液压的结合更加密切。未来叉车的发展在于其电子技术的应用水平。实现以微处理器为核心的机电液一体化是未来现代叉车控制系统发展的主方向，即以微处理器为核心，控制由局部控制向网络化方向发展，使整车保持最佳工作状态，实现现代叉车的智能化作业。对于电动车辆，传统的电阻调速控制器已被淘汰，而新型MOSFET 晶体管因其门极驱动电流小，并联控制特性好且有软、硬件自动保护和硬件自诊断功能等优点，得到广泛采用。

（5）重视叉车的安全可靠性与可维护性。保证驾驶员的安全一直是叉车设计人员重点考虑的问题。除驻车、行车制动，前倾自锁，下降限速等基本安全措施外，通过配备功能齐全的监控系统、动力制动系统、防侧翻系统，以及采用三套独立制动系统，大大提高了整车的安全可靠性。同时，电子技术的发展与运用，使对叉车安全性研究向智能化方向发展。在提高可维护性方面，侧重拆装简单化、部件组合化、加油集中化、检查监控化，改善部件的易接近性及尽可能减少需维修的项目。

（6）制动系统向电子化方向发展。现代叉车一般配有 3 套独立的制动系统：作用于驱动轮和承载轮的踏板液压制动；电子或机械式驻车制动；再生制动。再生制动的原理是，叉车在下坡、停车、前进和后退转换过程中的动能，不是仅仅消耗在机械制动器上，而是通过控制器将电动机变成发电机，给蓄电池再充电。为了减少制动冲击，增强适用性，要求传动系统的制动力矩可调，从而促进了可调力矩电磁制动器的发展。可调力矩制动器由一个弹簧加压制动器和电子控制装置力矩控制器组成，这种机电一体化的制动系统在实现制动力矩可调功能的同时，还可以通过力矩控制器对制动器的磨损进行监测，使系统的可靠性提高，降低运行维护成本。此外，这种可调力矩制动器还可以设置 CAS 总线接口，以实现对制动器的远程诊断及控制和对制动控制的网络化操作。

（7）电动叉车发展迅速。电动叉车是指以电为源动力来进行作业的叉车，电动叉车具有能量转换效率高、无废气排放、噪声小等突出优点，是室内物料搬运的首选工具，但其受蓄电池容量限制，功率小、作业时间短。目前国内外均在不断改进铅酸蓄电池技术，通过提高材料纯度等使其在复充电次数、容量和电效率方面有较大提高。由于技术的进步，电动叉车现已突破只能用于小吨位作业的局限性。目前国际上电动叉车的产量已占叉车总量的 40%，我国 2014年电动叉车的市场占有率为 27%。在德国、意大利等一些西欧国家，电动叉车比例高达 65%。随着用户的需求，进一步推动了蓄电池叉车的发展，节约能量、提高可靠性、降低使用和维护成本、提高操纵舒适性已成为蓄电池叉车的发展方向。另外,选用电动叉车还有一些技术方面的原因。随着电子控制技术的快速发展,电动叉车的操作变得越来越舒适,适用的范围越来越广,解决物流的方案越来越多,如电动托盘车、电动的堆垛车、前移式叉车、三向窄通道叉车等。内燃叉车不能解决的问题,电动叉车可以轻松做到,尤其在机场的仓储物流系统解决方案中起到了非常重要的作用。

随着中国电动叉车市场的发展和国家电动叉车低碳环保政策的支持,电动叉车将越来越广地被应用到各个经济领域。从 2017 年开始,保守估计,国内电动叉车产量,将以 15% 左右的速度增长。未来几年,我国电动叉车产量将维持在比较稳定的增长水平,预计 2020 年我国电动叉车产量约为 49.2 万台。

4.1.2　叉车的功能及分类

叉车又称铲车、叉式起重机、叉式装载机、自动装载机、万能装卸机、自动升降机等。叉车有内燃叉车、电动叉车、手动叉车。目前,最大起重量已达到 80 t,而最小的起重量仅为 0.25 t。随着托盘、集装箱的广泛使用,叉车属具也趋于多样化,叉车的使用范围将更加广泛。

叉车可以将货物托取和升降,实现对货物的堆垛、拆垛、装卸和短距离的搬运工作。叉车是无轨流动的起重运输机械,也是工程机械的一种。叉车是实现成件货物和散装物料机械化装卸、堆垛和短途运输的高效率工作车辆,广泛用于国民经济的各部门,适用于机场、车站、码头、仓库、工地、货场和工矿企业,是现代化企业必备的装卸机械。

叉车的使用促进了托盘运输和集装箱搬运的发展,带来了"搬运革命",减轻了劳动强度,节约了劳动力。一台叉车可以代替 8～15 个装卸工人;叉车缩短了作业时间,提高了作业效率,加速了机场货物的周转;提高了仓库容积的利用率,促进了多层货架和高层仓库的发展;容积利用系数可提高 40 %,减少了货物破损,提高了作业的安全性和可靠性。

叉车不仅具有对成件物资进行装卸和短距离运输作业的能力,而且又能机动灵活地适应多变的物料搬运作业场合,可以进入车厢、船舱和集装箱内进行货件的装卸搬运作业,经济高效地满足各种短途物料搬运作业的要求。叉车以内燃机或蓄电池与电动机为动力,带有货叉承载装置,具有自行能力,工作装置可完成升降和前后倾、夹紧、推出等动作,能实现成件物资的装卸、搬运和拆码垛作业。若配备其他先进属具,还能用于取大件货物散装物资和非包装物资的装卸作业及牵引和吊装等工作。从而有效地减轻劳动强度,提高生产率,降低经济成本,增强作业安全性。

(1)叉车的类型很多,且分类方法有所不同。根据货叉位置的不同叉车可分为以下两种。

1)直叉式叉车。它是使用较多的叉车类型,直叉式又称直叉平衡重式,它的货叉装在叉车前部。由于货叉伸出在前轮轴线以外,为了平衡由货物的质量产生的倾覆力矩,在叉车后部装有平衡配重,以保持叉车稳定性。

2)侧叉式叉车。它的货叉装在叉车一侧。

(2)根据叉车动力装置的不同又可分为以下两点。

1)蓄电池(电瓶)叉车。电瓶叉车的构造较内燃叉车简单,电瓶叉车多使用直流(DC)串激电动机,其机械特性能满足叉车所需要的低速大扭矩的工作要求。随着交流(AC)技术的发展,以及控制器的配套完善后,交流电机的使用逐渐增多,交流电机相对于直流电机来说,使用维护更加方便,缺点是成本相对直流电机要高。除此之外,电瓶叉车的其他优点是:操纵简单,检修容易,运转时平稳无噪声,不排废气,不污染空气,运营费用较低,整车的使用年限较长。缺点是:需要充电室和充电设备,充电时间较长,对路面要求高,由于蓄电池容量的限制,电动机功率小,爬坡能力低,运行速度较内燃叉车慢,基本投资高,起重量较小。

2)内燃叉车。内燃叉车的发动机又分为汽油机和柴油机(一般起重质量在 5 t 以上)两种。内燃叉车的传动方式分机械传动、液力机械传动和全液压传动三种。铁路货物现场目前使用的中小吨位内燃叉车几乎都采用机械传动。

按特种行业用途分,叉车可分为防爆叉车、多向走叉车、越野叉车、集装箱行走吊、军用工业车辆、车载式叉车和无人驾驶工业车辆等。

根据动力源的不同可分为内燃叉车、电动叉车和手动叉车三种。

4.1.3 叉车的使用特点

(1)在起升车辆中叉车的机动性和牵引性能最好,充气轮胎的内燃叉车可在室内、外作业,蓄电池叉车则适合在室内作业。

(2)叉车常用于起升高度在 2 ~4 m 之间,有的起升高度可达到 8 m。叉车方便在机场、车站、码头装卸货物,也有在工地和企业的车间内外搬运机件和各种材料。

(3)叉车的作业生产率在起升车辆中最高,它的行驶速度、起升速度和爬坡能力也最强,在选用起升车辆时可优先考虑。

(4)叉车主要用于装卸作业,也可在 50 m 左右的距离做搬运作业。

叉车属具是在叉车的货叉架上增设或替代货叉进行多种作业的承载装置。叉车除使用货叉作为基本的承载装置外,还可以配用各种形式的可拆换属具进行作业。

4.2 叉车组成及编号

4.2.1 叉车的组成

国内叉车主要由动力装置、底盘、工作装置和电气设备 4 部分组成。

(1)叉车动力装置。内燃平衡重式叉车是以内燃机为动力的叉车,内燃机主要有汽油机、柴油机和 LPG 液态石油气(天然气)机和双燃料机等几种,由内燃机、传动驱动装置、操纵控制装置、工作装置等组成,如图 4 - 1 所示。

电动叉车分为以蓄电池为动力源和以交流电为动力源两种,由蓄电池、电动机、传动驱动装置、操纵控制装置、转向制动装置、工作装置等组成,如图 4 - 2 所示。由于交流电叉车使用范围受限,使用较少,通常所说的电动叉车指的是蓄电池叉车。我国积极提倡和推广使用可再生能源,发展以低能耗、低污染、低排放为基础的低碳经济,实现社会经济可持续发展,因此叉车行业动力的升级在所难免,而电动叉车由于没有污染、噪音小,电动叉车未来势必成为主力。

(2)叉车底盘。它由传动系统、转向系统、制动系统、行驶系统四部分组成。

(3)工作装置。工作装置也称起升机构,由机械部分与液压系统组成。工作装置又可分为门架式、平行连杆式和吊臂伸缩式三种,其中以门架式应用为最广泛。

(4)电气设备。电气设备主要由蓄电池、照明系统、信号装置、仪表及报警装置、辅助电器其他电气元件和线路组成。内燃叉车有起动机和发电机,汽油机叉车还有点火装置,电动叉车有直流电动机。

随着叉车技术的发展以及用户使用要求的不断提高,平衡重式叉车目前还具有许多选装件,如驾驶室、灭火器、各种属具、报警装置等,内燃机叉车还可选装空调等。

图 4-1　内燃平衡重式叉车　　　　图 4-2　电动叉车

4.2.2　国内外叉车的编号

(1)国内叉车编号目前。国内叉车主要采用 JB/T 2390-2005 标准进行编号,平衡重叉车的型号以类型、动力、传动方式、额定起重量等表示如图 4-3 所示。

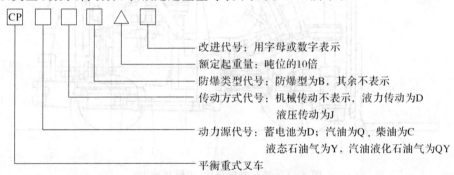

改进代号:用字母或数字表示
额定起重量:吨位的10倍
防爆类型代号:防爆型为B,其余不表示
传动方式代号:机械传动不表示,液力传动为D
　　　　　　　液压传动为J
动力源代号:蓄电池为D;汽油为Q,柴油为C
　　　　　　液态石油气为Y,汽油液化石油气为QY
平衡重式叉车

图 4-3　平衡重式叉车的型号

例如:CPCD30 型表示它是平衡重式叉车,以柴油机为动力,液力传动,额定起重量为 3 t。

CPD10A 型表示它是平衡重式叉车,以蓄电池为动力,额定起重量为 1 t,经过一次改进。有的企业根据车型系列的变化和配套发动机的变化等,同样吨位叉车的编号也有所变化。

(2)国外叉车编号,如图 4-4 所示。

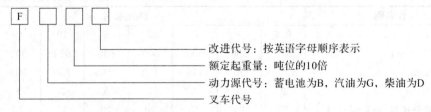

改进代号:按英语字母顺序表示
额定起重量:吨位的10倍
动力源代号:蓄电池为B,汽油为G,柴油为D
叉车代号

图 4-4　叉车代号

例如:丰田 FD30,表示为丰田公司,柴油叉车,载重量为 3 t。

有的叉车还标明变速器、发动机等项目,如友佳国际控股公司生产的 FD30TJC 型叉车,表示它是柴油叉车,载重量为 3 t,自动变速器,进口发动机,C 系列。

4.3 叉车的结构原理与技术性能

叉车又叫叉式起重机、铲车或自动装卸机。叉车是一种能把水平运输和垂直起升有效地结合起来的装卸机械,有装卸、起重及运输等方面的综合功能。具有工作效率高,操作、使用方便和机动灵活等优点。被广泛地用于机场、车站、码头、货场、仓库、车间和建筑施工现场,对成件、成箱或散装货物进行装卸、堆垛以及短途搬运、牵引和吊装等工作。

叉车典型结构如图4-5所示,主要技术性能参数见表4-1。蓄电池叉车主要性能参数见表4-2。

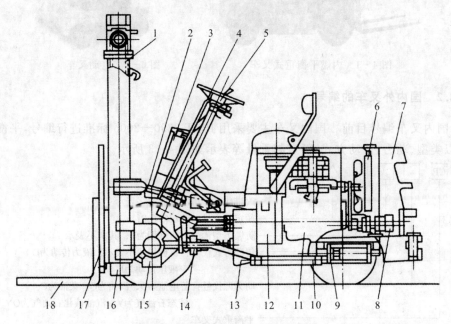

图4-5 叉车典型结构(内燃机动力)

1—起升油缸;2—倾斜油缸;3—多路换向阀;4—变速操纵杆(排挡);5—转向盘;

6—散热器;7—平衡重;8—油泵;9—转向桥;10—转向助力器;11—发动机;

12—离合器或变矩器;13—变速器;14—驻车制动器;15—驱动桥;16—门架;

17—货叉架;18—货叉

表4-1 内燃叉车主要性能参数

参数名称	性能参考							
起重量 G/t	0.5	1	2	3	5	10	16	25
载荷中心距 c/mm	350	500	500	500	600	600	900	900
离地间隙/mm	70	90	115	130	200	250	300	300
起升高度 H/m	2	3	3	3	3	3	3	3
满载最大起升速度(m·min^{-1})	20	25	25	20	20	15	15	10
满载最大运行速度 v/(km·h^{-1})	12	17	20	20	22	25	25	25
满载爬坡度/(%)	15	20	20	22	22	22	20	20
最小外侧转弯半径 R/mm	1 500	1 800	2 150	2 700	3 400	4 000	5 500	6 500
门架前/后倾角/(°)	6/12	6/12	6/12	6/12	6/12	6/12	6/12	6/12

表 4 - 2　蓄电池叉车主要性能参数

参数名称	性能参考				
起重量 G/t	0.5	1	1.5	2	3
载荷中心距 c/mm	350	400	500	500	500
离地间隙/mm	70	90	100	110	120
起升高度 H/m	2	3	3	3	3
满载最大起升速度 $V_q(m \cdot min^{-1})$	8	8	8	8	8
满载最大运行速度 $\upsilon/(km \cdot h^{-1})$	7.5	10	12	12	12
满载爬坡度/(%)	10	10	10	10	10
最小外侧转弯半径 R/mm	1 400	1 600	1 850	2 000	2 200
门架前/后倾角/(°)	3/10	3/10	3/10	3/10	3/10

4.3.1　叉车整体设计原理

叉车的整体设计就是根据其用途、作业条件和使用要求,合理选择机型、主要性能参数、整机尺寸和各组成部分的结构形式及参数,对组成部分进行合理布局,保证整机结构合理、经济适用、性能先进,为下一步各组成部分的设计提供依据和要求。叉车是由许多系统和零部件组合起来的一个整体,它的性能和工作效率不仅取决于各组成部分的质量优劣,还取决于各组成部分是否相互协调。叉车总体设计是一个复杂的过程,许多因素互相关联、互相影响、交错在一起,要根据使用要求,考虑动力、轮胎等配套情况,参考同类型叉车性能参数,进行总体设计,进而获得叉车优良的整体性能。

1. 叉车的总体布置

叉车按车架支承形式的不同,有三支点和四支点两种布置形式,如图 4 - 6 所示。

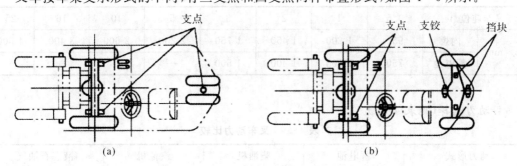

图 4 - 6　叉车支架支承形式
(a)三支点;(b)四支点

(1)三支点由 3 个轮组组成,在正常行驶中车架与车轮之间始终保持为 3 个支点。3 支点叉车无转向桥及转向梯形,结构简单,转向半径小;但横向动态稳定性差,在高速转向时易倾翻,多用在小吨位叉车上。

(2)四支点由 4 个轮组组成,采用水平铰连接桥和车架,由于后桥中心与车架是铰轴连接,在正常行驶中车架与车轮之间为 3 个支点,当整车侧向倾斜时后桥与车架限位块接触,而使车架与车轮之间形成 4 个支点,而实际工作中转向桥采用弹簧悬挂的叉车,始终是四支点。四支点叉车横向稳定性好,需有转向桥及转向梯形等,结构较复杂,大多数叉车采用此种形式。

2.总体布置要求

(1)布局合理,结构紧凑,外形尺寸小,方便维修。

(2)合理选择动力,特别是 5 t 以下的中、小吨位叉车应尽量缩短传动系的纵向尺寸,也可采用变速器和驱动桥刚性连接。

(3)合理选择轮距、轴距和最小转弯半径,确保叉车的行驶稳定性,并综合考虑整机性能的其他要求。

(4)操纵灵活、简单轻便。2 t 以上叉车多采用转向助力器。

(5)视野开阔,小吨位叉车可采用重叠式门架。

3.自重概算

按叉车载重后转向桥的载荷为全重10%的原则考虑,概算公式为

$$G_C = \left(\frac{c + kR_g}{aL_z} + b\right)G \qquad (4-1)$$

式中

G_C——叉车自重,单位:t;

R_g——驱动轮轮胎名义外半径,单位:mm;

L_z——轴距,单位:mm,参考表 4-3;

a,b——系数,3 t 以下:$a \approx 0.4$,$b \approx 0.25$,3 t 以上:$a \approx 0.45$,$b \approx 0.22$;

c——载荷中心距,单位:mm;

k——系数,$\kappa = 1.4 \sim 1.5$,实芯轮胎取,其他可取偏小值;

G——起重量,单位:t。

整车结构设计后,按稳定性验算,用增减平衡重来适应稳定性要求。

表 4-3　叉车轴距(约值)

叉车吨位/t		0.5	1	2	3	5	10	16	25
L_z/mm	内燃	950	1 200	1 450	1 750	2 200	2 600	3 400	4 500
	蓄电池	750	1 100	1 400	1 500	—	—	—	—

4.动力选择(见表 4-4)

表 4-4　叉车动力比较

动力形式	蓄电池	柴油机	汽油机	液态石油气
对空气污染程度	少	较大	大	较小
使用寿命	短	长	较短	较长
起动性能	好	差	较好	较好
驱动能力	弱	强	强	强
每吨·公里货物搬运费	高	低	较高	较低
适用范围	室内作业中小吨位	室外作业中大吨位	室外作业中小吨位	室内外作业中小吨位

5.叉车对发动机的要求

(1)发动机额定转速应在 2 000～3 000 r·min^{-1}。

(2)发动机除输出轴外,还应有驱动油泵等的动力输出装置(例如前端出轴),其输出能力应为额定功率的 50％以上。

(3)适当加强冷却效果,如增大风扇直径或转速,散热器平均散热面积应按固定式发动机计算。

(4)发动机应以小时功率为额定功率。

(5)功率按叉车高速行驶的要求确定,有

$$p = \frac{K_d(G + G_C)v}{0.27\eta_e\eta_z\alpha\beta_e} \tag{4-2}$$

式中

v——最高车速单位:km·h^{-1};

η_e——附件损耗系数,$\eta_e=0.8～0.85$;

η_z——传动总效率;

α——发动机适应性系数,汽油机、液态石油气发动机 $\alpha=1.25$;柴油机 $\alpha=1.1$;

β_e——叉车高速挡运行时发动机转速与发动机额定转速之比,$\beta_e=1.1～1.25$,装限速器时,$\beta_e=0.8～0.9$;

K_d——叉车最高速度运行时的动力因数,2 t 以下叉车,$K_d=0.09～0.1$;3 t～5 t 叉车,$K_d=0.05～0.07$;10 t 及以上叉车,$K_d\geqslant0.04$。

6.叉车对蓄电池和电动机要求

(1)牵引电动机一般采用串励式直流电动机,以 1 h 或 60％工作制度选择,油泵电动机按 3 min 或 15％工作制度选择。

(2)牵引电动机功率为

$$P_z = \frac{W_c(G + G_C)v\beta}{0.367\eta_z} \tag{4-3}$$

式中

β——多改,$\beta=1.4～1.8$,与爬坡度有关,坡度小时取小值;

η_z——多改,$\eta_z=0.85～0.92$;

W_c——运行阻力系数,充气轮胎取 0.035,实芯轮胎取 0.02。

(3)油泵电动机功率为

$$P_b = \frac{Pq_t}{612\eta_b} \tag{4-4}$$

式中

P——液压压力,单位:kgf·cm^{-2};

q_t——流量,单位:L·min^{-1};

η_b——油泵总效率。

(4)电压一般为 24～72 V。

(5)蓄电池容量,以 5 h 放电率的电流 I 选用,则有

$$E = 3.5I \tag{4-5}$$

7.叉车轮胎的选择

叉车用轮胎有充气轮胎、实芯轮胎和弹性轮胎三种。在满足承载能力和通过性能的情况下,尽量选用小直径轮胎,以提高整机的性能。轮胎应具有一定的吸振能力。

(1)轮胎载荷概算:

$$G_q = \frac{0.9(G+G_c)}{m_q} \tag{4-6}$$

$$G_h = \frac{0.6G_c}{m_h} \tag{4-7}$$

式中

G_q, G_h——叉车前、后单个轮胎的载荷,单位:kgf;

m_q, m_h——叉车前、后轴上的轮胎数。

(2)充气轮胎及轮辋规格见 GB/T 1190-2009 工程机械充气轮胎。轮胎寿命与车速、载荷有关。叉车速度较低,在选用汽车轮胎时可适当超载。

(3)实芯轮胎用于平坦路面工作的叉车。

8.叉车传动系传动比的确定

(1)高速挡总传动比为

$$i_g = 0.377 \frac{R_g n \beta_e}{\upsilon} \tag{4-8}$$

(2)低速挡总传动比为

$$i_d = \frac{(G+G_c)(w_c \cos\beta + \sin\beta)R_g}{M\eta} \tag{4-9}$$

式中

$w_c \cos\beta + \sin\beta$——应小于地面附着系数 Ψ,一般取 $\Psi=0.7$;

$\quad\quad\quad M$——发动机转矩,单位:kgf·m;对机械传动取发动机最大转矩;对液力传动取叉车行驶速度稳定在 2 km/h、发动机节气门最大时,变矩器涡轮轴的输出转矩。

(3)总传动比为

$$i_g = i_b i_z i_l \tag{4-10}$$

式中

i_b——高速挡时变速器传动比;

i_z——主传动的传动比,单级主传动比 $i_z=4\sim7$,双级主传动比 $i_z=6\sim11$;

i_l——轮边减速传动比 $i_l=1\sim5$。

(4)变速器传动比和挡位选择主要考虑叉车的动力性、经济性和配套。挡位间隔应基本符合等比级数,即

$$\frac{i_g}{i_d} = q^{m-1} \tag{4-11}$$

式中

m——挡位数(见表 4-5);

q——公比值,机械传动 $q>0.5$,液力传动 q 值由变矩器和发动机配合特性确定。

表 4-5　变速器常用档位数

传动形式	10 km·h⁻¹ 以下		10~20 km·h⁻¹		20~40 km·h⁻¹	
	前进	后退	前进	后退	前进	后退
机械传动	1	1	2	2	3~4	3
液力传动	1	1	1~2	1	2~3	1~2

4.3.2　叉车的底盘设计

叉车底盘包括传动系、转向系、制动系、操纵系和车架等。

1. 传动系

内燃叉车传动系有机械式、液力式及静压式(见图 4-7~图 4-9),比较见表 4-6。

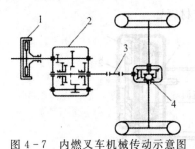

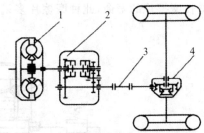

图 4-7　内燃叉车机械传动示意图　　　图 4-8　内燃叉车液力传动示意图

1—离合器;2—变速器;3—传动轴;4—驱动桥　　1—变矩器;2—变速器;3—传动轴;4—驱动桥

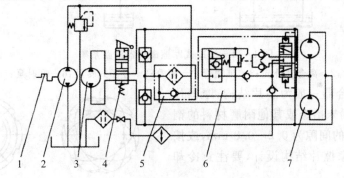

图 4-9　内燃叉车静压传动系统原理图

1—发动机;2—补油泵;3—变量泵;4—滑行制动阀;

5—过滤器;6—双作用溢流阀;7—定量马达(与车轮联结)

表 4-6　内燃叉车传动形式比较

传动形式	效　率	零件数目	加工精度	操纵方便性	维修方便性	寿　命
机械式	高	较少	低	差	好	较长
液力式	较低	多	较高	好	较好	长
静压式	较低	少	高	好	差	短

蓄电池叉车传动系由电动机驱动组成,驱动桥结构与内燃叉车相似。

2. 离合器

机械传动叉车广泛使用干式摩擦离合器。叉车使用中,离合次数频繁,用普通汽车用的摩擦片寿命较短。提高干式摩擦片寿命的途径有以下几个。

(1)加大离合器摩擦片直径,这样须增大发动机飞轮尺寸。

(2)用摩擦因数高、许用比压大的摩擦材料。

(3)加强摩擦片的通风散热和冷却。

(4)增加摩擦片数量。

此外应考虑快速更换摩擦片的结构措施,如图 4-10 所示,将变速器第一轴向后抽出约 50~60 mm 的距离,可很方便地取出摩擦片;也可在变速箱和离合器之间装一个可拆卸的联轴器,快速更换摩擦片。

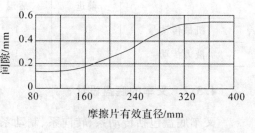

图 4-10 换挡摩擦片间隙

油冷式摩擦离合器(见图 4-11)亦用于机械传动叉车,用循环喷射到摩擦片上的油带走热量,增长摩擦片的寿命,此种摩擦片多采用合成橡胶材料。

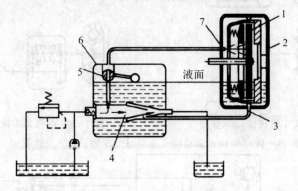

图 4-11 油冷式摩擦离合器油路系统

1—摩擦片;2—离合器外壳;3—排油管;4—喷管;5—浮子式转阀;6—喷射泵;7—喷油嘴

换挡摩擦离合器一般为多片结构,摩擦片材料为覆盖铜基粉末冶金或其他耐磨材料的铜片。主、被动片间的间隙为 0.2~0.8 mm,或按图 4-10 选取。摩擦片结构设计,要注意冷却散热问题。

摩擦片油槽花纹对传动系的效果有较大影响,其中以弧形放射沟纹及平面螺纹配以径向槽沟的效果较好(见图 4-12)。

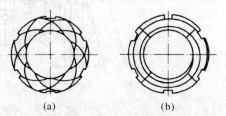

图 4-12 摩擦片油槽花纹形式

(a)弧形放射沟纹;(b)平面螺纹/径向槽纹

3. 变矩器的选择

(1)叉车需停车装卸货物,此时变速器在空挡位置,发动机及变矩器泵轮均在高转速状态,为减少功率消耗并避免系统过热,涡轮转速不宜过高,即变矩器在无负荷状态下,力矩系数 λr 宜趋于零。宜选用向心涡轮对称布置的循环圆或采用综合式变矩器。

(2)变矩器和发动机配合,从动力性、经济性、噪声、发热等方面综合考虑。通常希望把变矩器最佳工况点的负载曲线 $i*$(抛物线)与发动机的转矩曲线能交于发动机最大功率点 A(见图 4-13),当发动机功率大时,可交于 B 点(即略超过最大功率点 A)。正可透性变矩器的启动或接近制动工况曲线 i(抛物线)和发动机转矩曲线最好能交于最大转矩点 C,实际上同时满足 A 点和 C 点是困难的,应根据情况取在 C 点附近。

当发动机和变矩器的特性曲线已知,又无合适的尺寸(即合适的循环圆直径)的变矩器时,可通过改变发动机与泵轮间的传动比以满足所需的配合点。

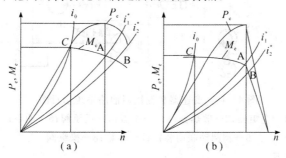

图 4 - 13　变矩器、发动机配合特性曲线

(a)与汽油机配合;(b)与柴油机配合

(3)叉车起制动工况频繁,最好采用高效范围较宽的变矩器。增加变矩器的正可透性可使输出特性高效范围加宽,但最高效率将略为降低。

(4)为了增加叉车对各种道路及坡度的适应性,使其在各种情况下自动变速或减少变速挡位,则要求变矩器变换系数 k_b 较大,即

$$k_b = i_m i^*　　　　(4 - 12)$$

式中

i_m——变矩器起动工况下的转矩比。

一般情况下,i_m 增大 i^* 要减小,过多要求增大 i_m,会引起变矩器效率降低。

4. 变速器设计

叉车传动中变速器特点是轴向尺寸小,前进和后退挡数基本相同,传动比较大,高挡传动比在 1~3 之间,机械传动有直齿滑动啮合式和常啮合(斜齿)式等(见图 4 - 14)。液力传动的液压换挡变速器与变矩器常作成一个组装件,有行星式和定轴式两种型式,两者的比较见表4 - 7。定轴式换挡离合器也可布置在变速器体外,使维修方便,但刚性较差,同时要考虑冷却油路系统的效果。

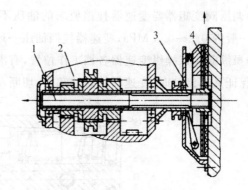

图 4 - 14　机械传动离合器

1—第一轴;2—变速器;3—离合器;4—摩擦片

表 4 - 7　行星式和定轴式变速器比较

型　式	传动比	结构尺寸	加工精度	维修保养
行星式	大	小	高	难
定轴式	小	大	低	易

(1)变速器和变矩器油路系统示意图如图 4 - 15 所示。

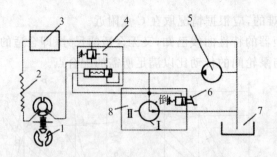

图 4 - 15 变速器和变矩器油路系统示意图

1—变矩器;2—散热器;3—变速器;4—调压阀;5—油泵;

6—脚制动联动装置;7—油箱;8—操纵阀

油路系统的要求如下。

1)应保证冷却可靠,粉末冶金摩擦片温度应低于 100℃,一般均用散热器冷却;

2)保证变速器摩擦片分离迅速;

3)齿轮润滑良好;

4)挂挡时间不大于 1 s;

5)油泵流量为 q_t

$$q_t = \frac{0.06 A_s s_s}{t_g} \qquad (4-13)$$

式中

A_s——挂挡活塞面积,单位:cm^2;

S_s——活塞行程,单位:cm;

t_g——挂档时间,单位:s。

(2)调压阀变矩器与变速器挂挡要求的油压不同,需要有调压阀(见图 4 - 16),变矩器进口油压一般为 0.2~0.3 MPa,变速器挂挡油压一般为 0.7~1.5 MPa。

(3)操纵阀用以操纵变速器各挡工作位置,有滑阀式和转阀式两种结构(见图 4 - 17)。操纵阀应保证叉车制动时,变速器挂挡油卸压,切断动力输出。

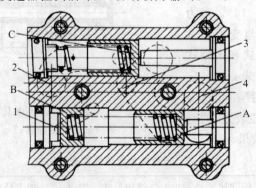

图 4 - 16 调压阀

1—变速器挂挡来油油路;2—回油路;3—进变速器油路;4—进变矩器油路

A—挂挡油压控制阀;B—排挡用背压阀;C—变矩器油压控制阀

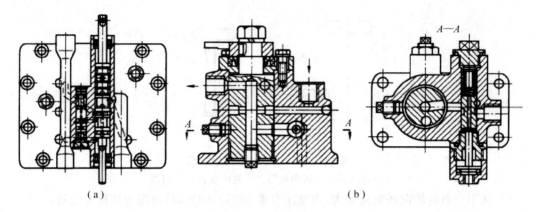

（ a ）　　　　　　　　　　　　　　　　　（ b ）

图 4 - 17　操纵阀

（a）滑阀式；（b）转阀式

5. 驱动桥

　　叉车上常用单级或双级中央传动和轮边减速驱动桥，前两者与汽车驱动桥的差速器相同。驱动半轴采用全浮式结构。驱动桥壳计算的静载荷取货重加车重，动载系数 kd≥2.5。在小型蓄电池叉车中，有采用三支点的独轮驱动结构，如图 4 - 18 所示。

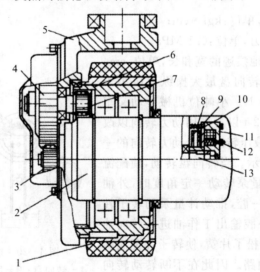

图 4 - 18　独轮驱动结构

1—车轮；2—电动机；3—齿轮Ⅰ；4—齿轮Ⅱ；5—支架；6—内齿圈；

7—齿轮Ⅲ；8—定位螺钉及弹簧；9—转动摩擦片；10—固定摩擦片；

11—电磁铁；12—制动压簧调整螺钉；13—电动机转轴

6. 转向系

　　叉车转向系（见图 4 - 19）的特点。

　　(1)前桥驱动，后桥转向。为减小转向半径，有转向系采用四轮转向或中间铰接式。

　　(2)叉车转弯半径小，转向轮转角大，内轮转角达 70°～82°；为减小转向滑移，转向系采用双梯形四连杆机构。

　　(3)叉车前进、后退概率相同，转向轮无前束，主销也无后倾角。

　　(4)叉车采用高压充气轮胎或实芯轮胎，车速低，可不考虑轮胎横向偏离。

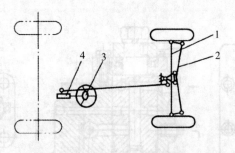

图 4 —19　叉车转向系统示意图

1—转向桥;2—转向梯形;3—转向盘;4—转向器

(5)叉车空载时转向桥负荷最大,占整车自重 50%~60%,转向阻力矩概算公式:

1)充气轮胎为

$$M_z = 7380\sqrt{\frac{G_h^3}{P_t}} \tag{4-14}$$

2)实芯轮胎为

$$M_z = 58G(\sqrt{4b^2 + l^2} + \sqrt{4l^2 + b^2}) \tag{4-15}$$

式中

M_z——转向阻力矩,单位:kgf·cm;

P_t——轮胎充气压力,单位:0.1 MPa;

b,l——实芯轮胎接地痕迹的宽和长,单位:cm。

(6)叉车转向频繁,转向盘最大操纵力应小于 100 N,运行时在 20~30 N。小吨位机械传动叉车用可逆循环球式转向器,2 t 以上采用动力转向以改善操纵性能。摆线式全液压转向器是动力转向的一种,其原理如图 4 - 20 所示。当转向盘转动,使配流阀芯的压缩片簧相对计量泵转动一定角度时,外油路的压力油流入计量泵一腔,推动计量泵的转子转动,同时使计量泵的另一腔输出工作油进入转向油缸。由于转子的转动,放松了片簧,使转子和配流阀恢复原始位置,切断外油路。因此在不断转动转向盘时就能不断向转向油缸供油,达到转向的目的。当外油路发生故障无压力油时,用手转动转向盘可

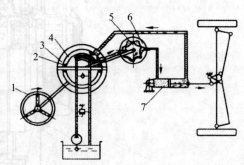

图 4 - 20　摆线式全液压转向器

1—转向盘;2—片簧;3—阀套;4—阀芯;
5—转子;6—计量泵;7—转向油缸

带动配流阀和计量泵产生压力油去推动转向油缸,仍能确保转向,但转向力将增大。

转向器的设计要考虑整体布置和操纵舒适。转向盘与水平线夹角 $\alpha_p = 15°\sim35°$,小吨位取大值;必要时在转向轴上装万向节调节 α_p 角。

(7)转向梯形。叉车的转向梯形为中间支点双梯形机构,梯形布置在转向桥上部或箱形后桥中部。按横拉杆位置有前置式、后置式和混合式。转向梯形布置如图 4 - 21 所示。叉车转向时,左右转向轮的转角应符合以下关系(见图 4 - 18):

但实际上转向梯形达不到理论上要求的轨迹,因此轮胎在转向时有一定的滑移,轮胎易磨损。因此要求实际轨迹在转向轮处于小转角时,偏差小,在最大转角时,实际转角和理论转角误差不大于 3°。根据实际梯形定出 R,n,c,m 和 Q(见图 4 - 22)。

$$\cot\alpha-\cot\beta=\frac{M}{L}$$

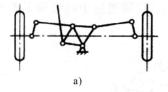
a)

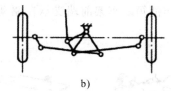
b)

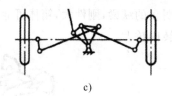
c)

图 4-21 转向梯形布置形式

(a)前置式;(b)后置式;(c)混合式

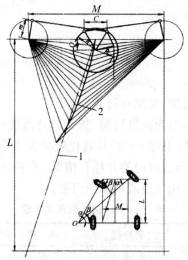

图 4-22 转向梯形特性曲线

1—理论转向轨迹;2—实际梯形转向轨迹

典型转向桥结构如图 4-23 所示,内燃叉车多采用刚性悬挂,蓄电池叉车因蓄电池不宜振动,且用实芯轮胎,宜用弹性悬挂。转向轮外倾角一般为 1°,主销内倾角以 5°~7°较合适,在动力转向时,主销内倾角可为 0°。

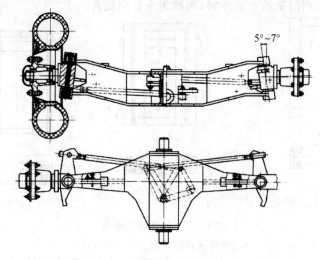

图 4-23 转向桥典型结构

7.车架

叉车车架主要采用边梁式和箱式两种结构（见图4-24）。箱式车架用钢板焊成箱形，无明显的纵梁，刚性大，箱体可兼作油箱。车架前端支承在驱动桥上，后端通过中间绞轴支承在转向桥上。

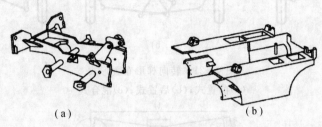

（a）　　　　　　　　　　（b）

图4-24　叉车车架
(a)边梁式车架；(b)箱式车架

8.工作装置

叉车工作装置包括内、外门架，叉架和货叉。

(1)门架结构叉车门架基本型为两级门架，货叉起升高度一般为2～4 m。内外门架排列形式分重叠式、并列式和综合式（见图4-25），其比较见表4-8。门架立柱可轧制、压制和焊接而成。外门架立柱大多用槽形。内门架立柱有槽形、工字形或其他异形结构。在堆垛很高而叉车总高度受到限制时，可采用三级或多级的门架。

表4-8　门架排列形式比较

排列形式	内门架断面	门架导程	视野	滚轮间距	内门架刚性
重叠式	槽型	滑动	好		弱
并列式	槽型	滚动	较差	小	一般
综合式	工字,异形	滚动	较差	较大	强

叉车在门架高度不变的情况下，能将货物提升到一定高度叫自由提升。自由提升如图4-26所示，油缸活塞杆头在顶到内门架前，内门架不动，此时货叉提升的高度叫自由提升高度。如自由提升高度能达到门架的全高度时，则称为全自由提升。

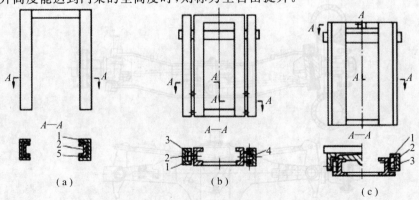

（a）　　　　　　　　　　（b）　　　　　　　　　　（c）

图4-25　门架排列形式
(a)重叠式；(b)并列式；(c)综合式
1—外门架；2—内门架；3—纵向滚轮；4—侧向滚轮；5—铜衬板

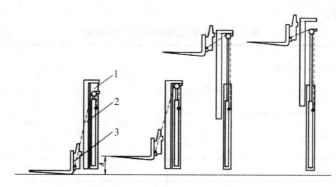

图4-26 自由提升门架提升过程示意图

1—外门架;2—内门架;3—货叉;4—自由提升高度

(2)滚轮门架滚轮有纵向滚轮,侧向滚轮,也有将纵向和侧向滚轮装在一个支承座上的综合滚轮(见图4-27),这种滚轮可增大滚轮的间距,改善门架受力情况。

(3)叉架叉架有板式和滑杆式两种(见图4-28)。板式结构简单,滑杆式移动货叉方便。叉架滚轮间距对门架受力影响较大,间距应适当增大;但间距增大使门架尺寸相应加大,要注意合理安排。

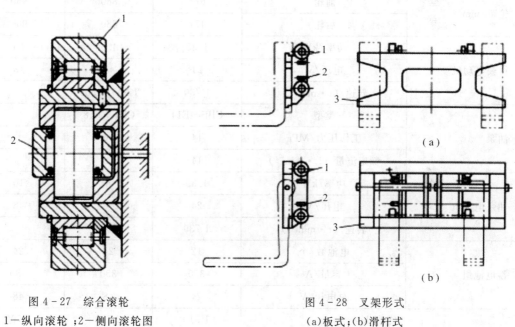

图4-27 综合滚轮

1—纵向滚轮 ;2—侧向滚轮图

图4-28 叉架形式

(a)板式;(b)滑杆式

1—纵向滚轮;2—侧向滚轮;3—叉架

4.3.3 电动叉车的技术参数

电动叉车的技术参数主要表明叉车的性能和结构特征,包括电动叉车的性能参数,尺寸参数和质量参数等。其中,性能参数有额定起重量、实际起重量、载荷中心距、最大起升高度、最大起升速度、门架倾角、最大运行速度、最小转弯半径、最大爬坡度、最小离地间隙,最小通道宽度等;尺寸参数有轴距、前后轮距、外形尺寸等;质量参数有自重、桥负荷、挂钩牵引力等。常用电动叉车的额定起重量(t)有0.4,0.5,1.0,2.0,2.5,3.0,4.0,5.0,6.0等。电动叉车的主要技术参数见表 4-9。

表 4-9 电动叉车的主要技术参数

主要技术参数		型 号		
		CPD04	CPD1	CPD3
额定起重量/t		0.4	1	3
载荷中心距/mm		350	500	500
最大起升高度/mm		2 500	3 000	3 000
最大起升速度/(mm·s^{-1})		6.2	18	23
最高行驶速度(满载)/(km·h^{-1})		7	11	25
门架倾角		3°/10°	6°/12°	6°/12°
最小转弯半径(外侧)/mm		1 120	1 700	2 275
最大爬坡度(满载)/(%)		10	10	15
最小离地间隙/mm		80	100	110
轴距/mm		822	1 150	1 600
轮距/mm	前轮	675	880	960
	后轮	471	880	960
行驶电动机	功率/kW	1.35	4.5	10
	电压/V	24	48	48
	转速/(r·min^{-1})	1 730	1 300/1 500	
油泵	类型	CBF—E14	CBF—E18	
	工作压力/MPa	14	16	
	额定流量/(L·min^{-1})	14	18	
油泵电动机	功率/kW	1.35	8	10
	电压/V	24	48	48
	转速/(r·min^{-1})	1 730	1 500	
蓄电池组	电池数/个	12	24	24
	容量/A	350	350	480
	总电压/V	24	48	48
自重/kg		1 310	2 500	4 700

4.4 叉车的工作装置

4.4.1 叉车工作装置组成与原理

工作装置是指叉车实现对货物的叉取、升降、码垛等作业的装置。为了解决装卸作业过程所需的大起升高度与运行通过时所要求的低结构高度之间的矛盾,工作装置的构成一般都是由多级门式框架里、外嵌套,通过升降油缸使内层门架沿其外层门架伸缩移动,因此又称为门架升降系统。

门架升降系统根据要求的起升高度与车辆最低结构高度的限制,可做成二级嵌套(只有内门架和外门架)称为二级门架,或做成三级嵌套(有内架、中门架、外门架)称为三级门架,但不管几级门架,其嵌套结构的方式是类似的。图 4-29 所示为二级部分自由提升双油缸后置式宽视野门架系统的典型结构。

所谓自由提升要靠门架结构来实现,是指在内门架顶端不伸出外门架顶端时,货叉提升,其水平上表面距地面的最大高度。具有自由提升的门架装置,能改善叉车运行的通过性,还能在低矮的仓库、船仓内进行作业。

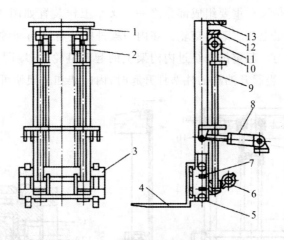

图 4-29　门架升降系统示意图

1—内门架;2—外门架;3—叉架;4—货叉;5—纵向滚轮;6—门架下铰座;7—侧向滚轮;
8—倾斜油缸;9—起升油缸;10—起升链条;11—链轮;12—浮动横梁;13—内门架上横梁

内外门架是升降系统的骨架,主要承受弯曲载荷。叉架又称为滑架,用于悬挂货叉或其他取物装置。货叉是直接承载的叉形构件,叉车是由于具有货叉而得名。在叉车上一般安装两个货叉,其间的距离可以调整。为了使叉车能根据作业对象方便装卸,人们还专门生产有各种取物承载装置(称作叉车属具)取代货叉,扩大了作业范围。

实现门架升降的机构是由起升油缸、链轮、链条等组成,链条的一端与叉架相连,另一端在绕过起升油缸头部的链轮以后,固定在缸筒部的法兰或外门架上,如图 4-30 所示。

工作装置(见图 4-31)不仅能升降而且可以实现前倾和后倾,其运动关系为:起升油缸的柱塞(活塞)升降,带着浮动梁 12 和链轮 11 运动,挂在叉架横梁上的货叉 4 和叉架 3 受起升链条 10 的牵引,叉架上的纵、侧向滚轮 5 和 7,

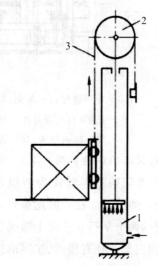

图 4-30　叉车起升机构示意图

1—起升油缸;2—链轮;3—链条

以内门架的立柱为"活动导轨",以 a 倍于油缸活塞的速度做升降运动;而内门架也会受起升油缸 9 的顶推,以外门架 2 的主柱为"固定导轨"而升降;外门架的下铰座 6 铰接在驱动桥壳或车架上,中部靠两个并列的倾斜油缸 8 的伸缩,实现整个门架系统的前、后倾动作,从而使叉车装卸货物时货叉前俯便于堆取,运行时货叉后仰保证安全。起升油缸 9 有两个,分别布置在内外门架立柱后侧,下端支承在与外门架相连的支座上,缸筒上部(或中部)被外门架"扶持",活塞杆上端顶在一个浮动横梁 12 上,自由提升阶段结束后即与内门架上横梁接触,使内门架上升。

4.4.2　叉车工作装置的部件检验功能与修理

工作装置是叉车进行装卸作业的工作部分,它承受全部载重,并完成货物的叉取、提升、降落及堆码等装卸作业,是叉车重要组成部分之一。叉车工作装置如图 4-31 所示。内门架位于外门架的内侧,上横梁上装有起升链轮。在内门架外壁装有纵向和侧向滚轮,用以在外门架内滚动,来减小运动阻力。起重链条绕过内门架上的起升链轮,一端固定在外门架的横梁上,另一端连接到叉车上。当起升油缸的柱塞杆升起时,内门架和叉架便可将货物提起。

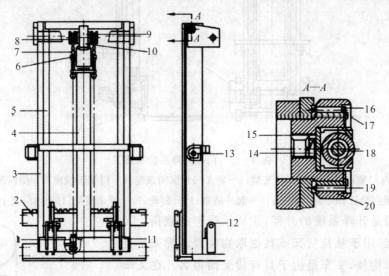

图 4-31　叉车工作装置

1,6—专用螺栓;2—叉架;3—外门架;4—起升油缸;5—内门架;7—起升链条;8—链轮;
9—托架(自由提升用);10—导向轮;11—底座;12—支承板;13—轴;14—调整螺钉;
15—防松垫圈;16—盖;17—环;18—侧向滚轮;19—滚针轴承;20—纵向滚轮

1. 叉车门架的作用

叉车门架基本型式为两级门架,内外门架排列形式分重叠式、并列式和综合式(见图 4-32),外门架立柱一般用槽形,可用型钢压制和焊接而成。外门架起着内门架运动导向作用,它的两个平行立柱由上横梁、中横梁和底板牢固地焊接到一起。

内门架立柱有槽形、工字形或异形型钢结构。它的两个平行立柱由上、下横梁牢固地焊接起来。

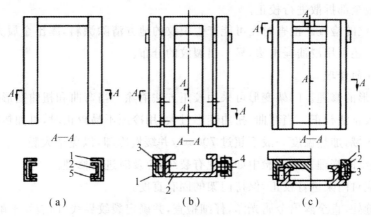

图 4 - 32　门架排列形式

(a)重叠式;(b)并列式;(c)综合式

1—外门架;2—内门架;3—纵向滚轮;4—侧向滚轮;5—铜衬板

2.门架的损伤检验

门架的损伤形式主要是扭曲、弯曲、歪斜变形、裂纹及断裂等。

(1)检查门架对角线。内、外门架对角线相差应不大于 3 mm。外门架倾斜缸支耳至门架销轴孔对角线相差应不大于 1 mm。

(2)检查门架的直线度和垂直度。直线度的检查,可用检线法。门架的平行面变形,其直线度误差,在整个长度上应不大于 3 mm。垂直度可用角尺法检查,90°角尺与门架下沿的最大离缝应不大于 0.5 mm。

(3)检查门架各平行面的平行度。用直尺测量 C—C 平行面,在整个长度上应不大于 3 mm。其他各平行表面的平行度误差应不大于 1 mm,如图 4 - 33 所示。

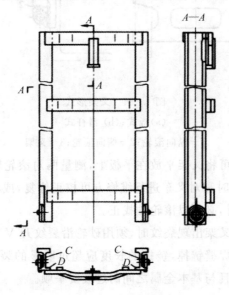

图 4 - 33　门架的平行度和平面度

(4)检查门架的平面度。可将门架置于平板上、测量检查。图 4 - 34 表面 D—D 的平面度误差应不大于 1 mm。门架经检验如发现弯曲,歪扭变形大于允许限度应进行校正。校正时应将门架部分或全部拆散进行校正。

(5)门架裂纹的检查。检查时在可能产生裂纹的地方清除涂料,露出金属光泽后,用6~8倍放大镜检查。还可用浸油锤击法,显示出裂纹的分布。

3.门架损伤的修理

(1)门架变形的修理。门架变形可采用校正方法消除。当弯曲和扭曲变形较小时,允许用加静载荷的冷校正法校正。当弯曲、扭曲变形过大,用冷压不易校正时,可加热校正,加热时应尽量减少加热区域,加热温度一般不超过700 ℃,并缓慢冷却,以免增大脆性。

(2)门架裂纹的修理。在检验中如发现有裂纹,应及时进行修理。

1)修理前应对门架进行校正,保持门架的固有直度。

2)打磨裂缝处,直至露出金属光泽,仔细检查,并确定裂纹界线(即裂纹末端),在界限延伸10 mm 处钻 ϕ5~ϕ8 mm 的限止孔。

3)在裂口处用砂轮等修磨出焊道坡口。

4)进行填焊时,最好用直流反极性电弧焊。电弧应尽可能短,焊条直径为 4 mm,电流为210~240 A。焊接时焊条应倾向运动方向 20°~30°。填焊工作自钻透孔开始直至裂纹另一端,并在反面也进行焊补,焊缝高度应不超过基体平面1~2 mm。焊接时环境温度应在 0 ℃以上。

4.叉架的检验与修理

叉架有板式和滑杆式两种(见图 4-34)。叉架是一个全部焊接的框架,在叉架外壁焊装有上下两对滚轮轴,用以安装滚轮。

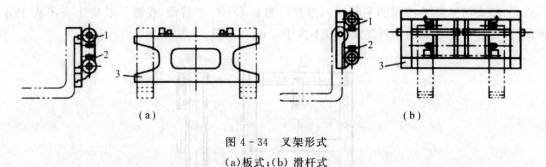

图 4-34 叉架形式

(a)板式;(b)滑杆式

1—纵向滚轮;2—侧向滚轮;3—叉架

(1)叉架变形的检验。可将叉架平放在平板上,测量两对滚轮轴线,滚轮轴线跳平面度误差应不大于 1 mm。当超过时需对叉车进行维修方可校正修复,或将滚轮轴堆焊后,再加工至标准尺寸。在加工滚轮轴时,必须以滚轮轴找正。

(2)叉架裂纹修理。当叉架出现裂纹时,须用砂轮沿裂纹开 V 形坡口,进行填焊。如裂纹出在原焊缝处,应将裂纹的焊缝铲掉,铲掉的长度应超过明显的裂纹尾部50~100 mm,新焊缝应当平直、密实、焊透,并且与基本金属之间的过渡要平顺。

5.滚轮的作用

叉车内外门架之间和叉架外壁上装有纵向滚轮和侧向滚轮,使之在门架内运动起着导向作用。也有将纵向和侧向滚轮装在一个支承座上的综合滚轮(见图 4-35)。

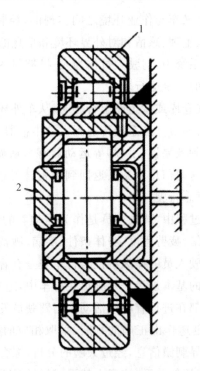

图 4 - 35　综合滚轮

1—纵向滚轮；2—侧向滚轮

(1)当滚轮直径磨损大于 1 mm 时,应予以更换。

(2)滚轮装合后,应运动顺畅,无阻滞现象,侧向滚轮与门架导向面间的间隙应不小于0.3 mm。

6.链条的检验与修理

(1)起升链条:叉车链条是采用板式链,板式链有重型板式与轻型板式之分。

(2)起升链条的检验应将链条用油清洗,除去泥土和油污。

1)检查链条,如果链条有裂纹时,应予以更换。

2)测量链条的伸长率,伸长率应按下式计算,即

$$\Delta L = \frac{L - np}{np} \qquad (4 - 16)$$

4.5　叉车的安全

4.5.1　叉车安全操作的意义

叉车的安全操作主要指叉车的安全驾驶、安全作业以及对叉车安全维护三个方面。从叉车使用中造成的事故来看,它一般涉及人(驾驶员、装卸工、行人)、车(双方车辆)、道路环境以及三者综合因素。一般情况下,驾驶员是造成事故的重要原因,且负直接责任的要占70%以上。叉车如未按操作规范驾驶,将存在诸多潜在的危险,甚至会造成人员的伤亡。

　　叉车的操纵是人经过介于叉车与作业环境之间实现的,控制和驾驶车辆的操纵装置构成了人-机控制系统。人的心理、生理、感情和对外界环境和信息的反映、判断、处理,直接影响着行车安全。即人在人-机控制系统中,驾驶人员作为人-机控制系统的中枢而存在,人的操纵特性直接影响着人-机控制系统的安全运行。

　　驾驶人员所驾驶的车辆在仓库或者道路上行驶时,从车外环境和车内环境获得信息情报,由视觉、听觉、触觉等感觉器官通过神经系统传递到大脑中枢器官。当驾驶人员经过思考判断作出决定后,由神经系统传递到效果器(手、脚等运动器官),从而操纵车辆行驶。如果在行驶过程中在反应上发生了偏差,这时信息刺激又返回到中枢神经进行修正,这种返回叫作反馈,使车辆达到按照驾驶人员的意志行驶。

　　在上述人-机调节系统的过程中,驾驶人员是作为运动着的机动车的中枢而存在,因此驾驶人员的意志、欲望、感情、情绪、疲劳程度、身体条件、疾病、酒精和药物等,对人-机调节系统有着重要的影响,也就是说驾驶人员的操纵特性与行车安全有着极为密切的关系。

　　(1)行车驾驶员心理活动的基本规律。驾驶员在行车中,随时都注视着车前周围环境和车内一些情况的变化,分分秒秒都在进行着心理活动。当驾驶员发现外界刺激信息时(即出现险情时),一般要在 0.5～1 s 内迅速作出正确的判断,采取相应的措施,使车辆正常行驶。驾驶员的心理活动规律是:发现外界刺激信息,经过大脑的分析,综合判断和推理,最后作出行动的对策。注意力与刺激信息有密切的关系,注意力越强,越能够捕捉到外界微弱的信息。因此注意力是接受外界信息的前提,驾驶员的行动对策是对信息的分析、综合、判断、推理的结果。

　　(2)注意。所谓注意是人的心理活动对客体的指向和集中。指向性是心理活动的选择性,由于这种选择性,人在同一时间内只反映客观事物中某些事物。集中性指心理活动深入于某些事物而忽略其他事物。由于注意,可以使事物在人脑海中获得最清晰和最完全的反映。没被注意的事物就感知得比较模糊了。注意对人有巨大的意义。它能使人及时地清晰、迅速、深刻地反映某些客观事物,同时提高人的观察、记忆、想象、思维等能力,进而搞好企业内的交通安全。注意一般有以下几种形式。

　　1)无意注意。这是一种不受人的意志支配、形式比较低级的注意。无意注意既无特别目的,也不需主观努力。一般情况下,驾驶员在操作时,车外环境千变万化,各种强烈刺激也都很多,如果不能控制自己而成了无意注意的奴隶,操作时东张西望,那是非常容易出事的。

　　2)有意注意。有意注意是指有自觉目的,必要时还需一定努力的注意。人的有意注意是在生活实践中发展起来的。如叉车驾驶员在行驶时必须留心调车员的信号,考试前用心记忆安全规则等,这些都是有目的、有意识的注意。即使疲倦了还要强迫自己去注意,因此要求一定经过主观努力,这样的注意便是有意注意。引起有意注意的事物,并不一定强烈或新奇。之所以引起驾驶员的有意注意,是因为它与安全驾驶有关。例如发动机的响声,驾驶员天天听,时时听,早已没有什么新奇可言,但是因为从声响变化中可以了解发动机运转情况,与机动车的安全行驶、安全作业有关,所以仍然引起了驾驶员的有意注意。

　　无意注意可以变为有意注意。例如去看一辆新车时,只是一种无意注意。但把这台新车交给你时,为了掌握它的各种性能,再去观察研究新车时,就变为有意注意了。要真正学一些本领,能够在驾驶中保持高度的精力,都要靠有意注意。不过驾驶中光靠有意注意是不行的,驾驶员容易疲倦。我们在驾驶操作时,就要设法让两种注意不断交替,从而能持久地把注意力集中在驾驶上。

3)注意力的集中。注意力的集中是指人的心理活动只集中在一个目标上,即驾驶员的注意就只倾注于一个对象——开车。尤其当汽车在能见度低的情况下,驶向红绿灯或没有交通管理的交叉路口时,驾驶员的注意力需要高度集中。企业内交通运输工作与其他工作相比,更需要时时刻刻集中注意力。车子在运动时,车内外环境瞬息万变,只要思想稍微开一下小差,就有可能出事。不过,要求驾驶员长时间毫无动摇地把注意力集中在一个对象上,也是不现实的。我们说的注意力集中是指驾驶员操作时始终把注意力集中在驾驶活动上,一会儿观察仪表、一会儿注意前方、一会儿注意倾听发动机声音,这些都是活动,不但允许也是应该的。只有这样,才能使注意力更加集中。驾驶员要善于从熟悉的、单调的环境中发现新内容、新变化,以增强自己的注意力,保持注意的稳定性与集中性。

4)注意力分配。注意力分配是指同一时间段内完成几个动作的能力。例如,机动车在坡路起步时,驾驶员要同时完成松驻车制动,踩离合器(如有的话)和加速踏板这三个操作;开始时就很难做到得心应手地支配自己的注意力,更不用说一边听教练指导,一边观察周围的情况了;也只有随着动作的高度熟练,才能有效支配注意力。要做到这一点,不同的人需要不同的训练量。如果驾驶员对自己的每种动作都具有迅速地、容易地、准确无误地支配注意力的能力,那他就属于支配注意型的人,能达到这一点对安全是很重要的。此外,注意力的分配要求这几个动作有一定关联度。如果几种活动、几个动作彼此毫无联系,那分配注意力就比较困难。例如驾驶操作与心算数学题,便是毫不相干的事,人们很难做到既注意心算,又注意驾驶。越是没有关联的事情,对安全行车越不利,因此,作为一名驾驶员必须学会养成一进驾驶室就注意工作的习惯;上班前应把私事处理完毕,以免上班后分散注意。

5)注意的转换。所谓注意的转移就是根据工作任务的需要,把注意的对象从一种转移到另一种。上班前在聚精会神地下棋,需要出车的时候,就要立即把注意力由下棋转移到开车上,不再考虑下棋的事,这就是注意的转移。操作时视觉从这块仪表转移到另一块仪表,又转移到注视前方,观察左右,都属于注意的转移。可见,注意的转移与注意的分散不同;注意的分散是开小差,它是一种"被动的不由自主的转移"。

如果行驶作业中由原来的注意中心对象转移到注意中心以外,也就是说没有把自己的注意力稳定地集中到行车方面来,而是由于外界某个意外的刺激信息,使注意力转移。如驾驶中,风沙迷了眼、蜜蜂刺蜇了脸部、驾驶室内零件突然掉落,或者听到怪声、异响等,都可能造成注意的转移,而影响行车安全和作业安全。

驾驶员操作过程中,都要求注意力高度集中,并保持一定的水平。但最重要的是培养自己的职业注意力。尤其在注意力开始减弱的情况下,休息和营养丰富的饮食会有所裨益。而精神萎靡、打吨、沉思、疲倦、有病、醉酒等,都是驾驶员不经心和注意力分散的原因。

4.5.2　叉车安全操作注意事项

(1)叉车起步叉车起步前,首先检查车旁和车下有无人、畜和障碍物,并关好车门。起步时,应先踩下离合器踏板并挂挡,然后松开驻车制动器并通过视镜查看后方有无来车,再缓松离合器,适当踩下加速踏板,鸣喇叭,慢速起步。夜间、浓雾天气及视线不清时,需同时打开前、后灯光。

1)起步操作方法。起步放松离合器踏板时,开始可较快,当离合器开始接合,车身有轻微抖动,踏板有顶脚感觉时,踏板放松的速度应减慢,同时还要徐徐踩下加速门踏板,使发动机转速逐渐提高,动力增大后车辆便平稳起步。车辆起步移动后,应迅速将离合器踏板完全放松。

2)上坡起步。在上坡途中起步时,应一手握紧驻车制动杆,一手把牢转向盘对正方向,一脚适当踩下加速踏板,一脚同时相应缓慢放松离合器踏板。当离合器已进入接合状态时,要进一步放松驻车制动杆并完全放松离合器踏板。以上几个动作必须配合适当,否则车辆将会后溜或发动机熄火。不允许不使用驻车制动器而用右脚兼踩加速踏板和制动踏板的方法在上坡道上起步。

3)下坡起步。在下坡道上起步,挂上变速器挡位后,应缓慢松开离合器踏板,在徐徐踩下加速踏板的同时放开驻车制动器。车辆起步后,应调整百叶窗或散热器帘布的开度,使发动机迅速升温,并保持水温稳定在80~90℃。

(2)低速挡换高速挡时叉车起步后,只要道路和地形允许,均应迅速及时地换入高速挡,即升挡。换挡应先逐渐踩下加速踏板加速,把车速提高到适合换入高一级挡位的时机,然后使用两脚离合器法挂入新的挡位。

具体的操作方法:当车速升至适合换入高一挡时,立即抬起加速踏板,同时踩下离合器踏板,将变速杆挂入空挡位置,随即抬脚松起离合器踏板,接着再踩下离合器踏板,并迅速把变速杆换入高一级挡位,然后边抬离合器踏板边踩下加速踏板提高车速。

以上操作的目的是在第一次抬起离合器踏板时,利用发动机的怠速使变速器第一轴齿轮减慢转速,以达到将要啮合的一对齿轮的轮齿圆周线速度相等。抬起离合器踏板时间的长短,取决于换挡前的车速,车速越高,抬起离合器踏板的时间就越长;反之越短。另外,换挡前的车速太高则发动机的转速就会过高,这对发动机不利。因此,换挡前的加速时间不宜太长,车速不宜过高。

(3)高速挡换低速挡由高速挡换低速挡,即减挡,应在感到发动机动力不足,车速降低,原来的挡位已不适合继续行驶时进行。减挡的两脚离合器操作法具体如下。

抬起加速踏板的同时,踩下离合器踏板,随即把变速杆移入空挡,接着抬起离合器踏板,同时踩下加速踏板(即加空油),再迅速踩下离合器踏板,将变速杆换入低一级挡位,然后放松离合器踏板,同时踩下加速踏板,使车辆继续行驶。

以上操作方法的目的在于空挡加空油时,提高变速器第一轴的转速,使将要啮合的两个齿轮的轮齿圆周线速度趋于一致,以达到齿轮平顺啮合。在操作的过程中,加空油的程度随车速与挡位而定。挡位越低加空油越多,例如,三挡换二挡时就比四挡换三挡所加的空油要多些;同时是三挡换二挡,车速为20 km·h⁻¹比10 km·h⁻¹时加的空油要多些。

(4)叉车行驶转弯叉车在弯道上行驶往往视线不良,注意力又易放在转向上,比直路容易发生碰撞事故。这就要求在视线不良的弯道上行驶时必须做到"减速、鸣笛、靠右行"。减速可以防止离心力过大而使车辆失稳、失控,便于有效地操控车辆;鸣笛可在车辆未到转弯处而提前告诉对方的车辆和行人,以引起注意及时避让;靠右行驶即各走自己的路线,双方车辆交会时能够避免相撞。

在平路上遇到视线清楚的转弯，如前方无来车和其他情况，可以适当偏左侧（俗称小转弯）行驶。利用弯道抵消离心力的作用，也可以适当提高弯道行驶的速度，并能改善车辆行驶的稳定性。右转弯时，要待车辆已驶入弯道后再把车完全驾向右边，不宜过早靠右。否则会使右后轮偏出路外或导致车辆被迫驶向路中，而影响会车。

（5）会车和让车叉车在行驶中，随时都可能与对行车辆相遇。为保证车辆的安全交会和畅通，每个驾驶员都必须做到"礼让三先"。即会车时要先让、先慢、先停，并选择适当的地点，靠右侧通过；夜间会车，须距对面来车 150 m 以外，将远光灯变为近光灯，互为对方创造顺利通过的条件。

叉车在企业内行驶，时常在狭路、车间、货场、仓库、路口及其他地点与其他机动车、非机动车相会。为保证各种车辆的安全畅通，根据交通规则的有关规定，结合企业内道路和车辆的运行特点，会车一般遵循如下规定：非机动车让机动车；低速车让高速车；空载车让负重车；装载一般货物的车让装载危险物品的车；下坡车让上坡车（下坡车已行驶中途，而上坡车未上坡时，上坡车让下坡车）；各种车辆让执行任务的消防车、救护车、工程救险车；本单位车辆让外单位入厂车辆。

会车和让车的基本要求是：每个驾驶员都必须做到"各行其道"、礼让三先、不开"英雄车"、不争道抢行，以确保企业内机动车的安全通畅。

（6）测试制动时应注意的事项。

1）悬挂试车号牌，在指定时间、路线进行。

2）试车前观察好前、后、左、右车辆情况，保持足够安全距离，防止跑偏或突然制动失效而造成事故。

3）试制动时，先低速测试，没有问题再按规定时速试验。不准高速试验制动，防止发生危险和损坏车辆。

4）车上禁止载货或乘人，以防损坏物品和摔伤乘车人。

5）测试制动时，不得妨碍其他车辆的正常行驶。

（7）叉车倒车和调头叉车在企业内行驶，一般行驶距离短，调头和倒车的次数比较多。叉车在调头和倒车时，驾驶员的视线将受到一定程度的限制。因此，视线受限、观察不周及其他原因，使车辆调头或倒车时发生的事故也较多。为此，在叉车调头和倒车时必须做到：

1）调头。叉车调头应尽量选择宽阔路面或场地，由右向左进行一次调头。调头时要提前观察前后左右的情况，及时发出调头信号，在不影响其他车辆行驶的条件下进行调头。如一次调不过去，需倒车时，一定要认真观察车后情况，适当控制车速，并鸣笛示意。

2）倒车。在车间、仓库、货场、窄路等地段倒车时，应有专人站在叉车侧后方（驾驶员容易发现的位置）指挥倒车。倒车时不仅要注意车后部的情况，也要兼顾车前轮的位置，避免车前部位碰撞障碍物。叉车在交叉路口、桥梁、隧道、陡坡和危险地段不准倒车。

3）倒车的操作方法。在车辆运行和装卸搬运作业过程中，是需要经常倒车的，而且倒车次数多。由于倒车时视线受到限制，感觉能力削弱，因而车辆倒行的方向与位置较难掌握。另外，倒车转向时，原来前轮转向变为后轮转向，原来后轮转向变为前轮转向，这与通常控制转向的主观感觉有差异，且控制转向的位置也起了变化，因而使得倒车没有前进那样顺手、方便、灵活和准确。

通常，倒车时应先将车辆停稳，看清周围的情况，选定倒车路线和目标，注意前后有无来车、行人、动物。如果倒车路上可能碰上障碍物，必要时应下车查看，然后按情况需要将变速器挂在倒挡的合适挡位，鸣喇叭，并选用合适的驾驶姿势和操作方法。倒车时应注意控制好车速，不可忽快忽慢，以防止发动机乏力而熄火或倒车过猛而造成危害。

①倒车的驾驶姿势。根据车辆的类型、轮廓和装载的宽度、高度及交通环境，倒车时可采用以下三种姿势：a.注视后方倒车。对汽车和有驾驶室的车辆，则为注视后窗。操作时，左手握转向盘上端，上身向右侧转，下身倾斜，右手依托在靠背上端，头转向后方，两眼注视后方目标进行倒车。b.注视侧边倒车。当驾驶室遮挡侧后方目标时，可采用此法。操作时，左手打开车门，手扶在半边的车门窗框上，右手握住转向盘的上端，上身斜伸出驾驶室，头转向后方，注视后方的目标。在一般情况下，两脚不得离开驾驶室。c.注视后视镜倒车。此法难度较大。但驾驶经验丰富、操作熟练、倒车距离短时也可以采用。例如，在道路右侧转弯倒车时，可通过右侧后视镜推断后轮与路缘的距离进行倒车。

②倒车目标的选择。注视后方倒车时，可在车厢后两角、场地、库门或靠近处的物体选择适当的目标，然后根据目标进行倒车。

由侧边注视倒车时，可选择车厢后角或后轮和场地或停靠近处的物体选择适当的目标，然后根据目标进行倒车。

注视后视镜倒车时，在后视镜中可出现路缘和车身边缘的映像。如果两者距离过大，则表明车辆过于靠近路中。

如有人指挥倒车，必须与指挥人员密切配合。无论采用何种方法倒车，在倒车前必须了解车后道路及环境情况，确知倒车的稳妥范围后，方可进行倒车。

③各种倒车方法：a.直线倒车。车轮保持正直方向倒退。方向盘的运用与前进时一样，如车尾向左（或右）倾斜，应即将方向盘向右（或左）稍稍转动，当车尾摆直后即将方向盘回正。b.转向倒车。操作要领是"慢行车，快转向"。若想车尾向左，则应向左转动方向盘；若想向右，则方向盘右转。特别要注意在绕过障碍物的时候，前轮转向的车易发生外侧的前轮或车身刮碰障碍物的现象。

4）叉车调头的操作方法。叉车调头是为了使车辆向相反的方向行驶。调头时必须严格遵守交通规则和安全规程的要求，在确保安全的前提下尽量选择宜于调头的起点，如交叉路口或平坦、宽阔、土质坚硬的路段，应避免在坡道、狭窄路段和交通繁杂之处调头，严禁在桥梁、隧道、涵洞或铁路的交叉道口等处调头。

①一次顺车调头。在较宽的道路上，采取大迂回一次顺车180°转弯行驶的方法调头，既方便迅速，又安全经济。调头时，预先发出信号并减速，得到指挥人员示意许可后，即挂入低速挡，轻踩加速踏板慢速行驶调头。

②顺车和倒车相结合调头。当路面狭窄不能一次顺车调头时，可采用顺车和倒车相结合的方法调头。

操作时可分为三个步骤进行：a.降低车速。挂入低速档，靠路右侧驶入预定调头的地点。

随后迅速将转向盘向左转到极限位置,使车慢慢驶向道路的左侧。当前轮将要接近左侧路缘时,即踩下离合器踏板并轻踩制动踏板,在尚未完全停止之前,迅速将转向盘向右转足,并将车停稳。b.叉车停稳后即挂入倒挡,起步慢行。待叉车倒退接近原来右侧路边时即踩离合器并轻踩制动踏板,在叉车完全停下之前,向左迅速转动转向盘,为下次起步转向做好准备。c.叉车停稳后即挂入低速档起步,则叉车向左转驶出,最后叉车的方向与原来方向相反,调头完成。

当路面狭窄,一次前进与后退不能完成调头时,可反复操作多次。操作时要注意,叉车在反复前进、后退时,前后左右车轮在行驶时是不与路边平行的,因此应以先接近路边的车轮为准来判断车的位置。如路边有障碍物限制,则前进时应以前保险杠为准,后退时以车厢板或后保险杠为准。

③利用支线调头。在十字路口或丁字路口,可以利用支线调头。当支线在路右侧时,使叉车先在干线靠右侧行驶,通过了路口后即停止。然后右转弯倒车驶入右侧支线。叉车完全倒入支线后,即左转弯由前驶出而实现了调头。如支线在左侧,则应将叉车在干线左转弯驶入支线,然后叉车右转弯驶入干线右侧而完成调头。

(8)叉车安全操作不论什么条件下,时速不能超过最高定额;遵守交通规则及所有警告和标志;操作时必须精力集中,保证做到作业安全和执行以下规定。根据 GB 4387—008《工业企业内铁路,道路运输安全规程》的要求,在无限速标志的企业内主干道行驶时不得超过 30 km·h^{-1},其他道路不得超过 20 km·h^{-1}。如果需要超过规定速度,必须经厂主管部门批准。但是,目前我国绝大多数厂矿企业的生产场地及厂区道路还不规范(规范的道路明确区分机动车、非机动车和行人专用道路,以及符合企业内道路的各项规定)。此外企业内机动车辆经常行驶在人员流动的车间、仓库等场所,通道狭窄,障碍多,驾驶员视线盲区大,作业环境差。因此,为保证安全作业,各行业、各企业都有限速的具体规定,由于各单位具体条件不同,有关限速规定见表 4-10。

表 4-10 企业厂区内限速 (单位:km·h^{-1})

车辆名称	行驶限速	倒车	车间内	大门口
汽车类	不得超过 10	不得超过 3	不得超过 3	不得超过 5
其他类	不得超过 5			

注:工厂内宽道路在上下班时,汽车、摩托车、自行车等比厂外大街还拥挤,无法开快车,特别是汽车较多。因此,工厂规定汽车、摩托车上班前 15 min 进厂。还有的工厂汽车、摩托车上班时不准进厂,一律放在厂大门外指定地方(因厂内没有存放地方)。

4.5.3 叉车驾驶员安全操作规则

安全是驾驶员的事业和责任。安全规则规范了一般叉车在通常使用中的基本安全规程和有关的注意事项。而以下给出的安全规则同样也适用于特殊规格的带门架及属具车辆。为了保证安全,在开始工作之前必须完成检查表 4-11 的项目和内容。

表 4-11 检查项目和检查内容

检查项目	检查内容
外观	机车外形,漏水,漏油,零件松动,外观损坏

续表

检查项目	检查内容
车轮	轮胎气压(实心轮胎除外),磨损或损坏,轮缘,轮毂螺母
灯类	灯的状态、灯泡破裂
液压油	油量,污染,黏度
散热器	冷却剂液位、防冻液的加注
发动机	机油位、杂质、稠度
微调和制动踏板	分合、踏板间隙
制动踏板	踏板间隙、制动效果
制动液	液位
停车制动器	操作力、复位性能、制动效果
转向盘	松度,游隙,振动,转向
喇叭	声响
仪表	功能
载重操作系统	零部件,漏油,破裂,松动
燃油	油量

叉车驾驶员安全操作规则具体如下。

1. 了解叉车

为了进行货物搬运,叉车与其他车辆在结构上存在以下区别。

(1)带有起升系统,前视野不良。

(2)后轮转向,转弯时车辆后部同外旋转。

(3)坚固的设计,使叉车的自重较大,负载时大部分的自重和载荷都落在前轮上,因此叉车的稳定性差。

(4)阅读"叉车驾驶"和车上的铭牌,熟悉自己的车辆及操作规程。如果驾驶中有疑问,请向管理人员请教。

2. 获得操作资格

只有经过培训并且得到认可的操作人员才能允许操作叉车。

3. 安全的上、下叉车

叉车运行时且勿上下车。上下叉车时,请用叉车安全踏脚和把手。

4. 坐稳后方可操作

(1)坐稳后方可操作。

(2)起动前调整座椅,以便手脚操纵。

5. 安全起动

起动前确保以下操作。

(1)松动停车制动装置。

(2)前进后退手柄置于空挡。

(3)起动前,确保叉车上、下、前、后无人。

6. 预热和冷却

(1)操作前后,要分别预热和冷却叉车约 5 min。

（2）在密闭空间进行操作时，要确保有足够的通风口。如有必要可使用排气扇。

7. 遵守交通规则

（1）注意速度和交通信号，不要超速。

（2）在公路或街道上行驶时，要遵守交通规则。

（3）在狭窄的通道或坡道上行驶时，空车要让重车。

8. 集中注意力

注意力集中在工作上，学会预先考虑可能发生的危险。

9. 向前看

向前看，保持前进的路上有清楚的视野，心不在焉是很危险的。

10. 保持在驾驶室内

保持您的头、手、臂、腿和脚在驾驶室内。无论任何理由都不要伸出外门架。

11. 装载超大货物

（1）装载有碍视线的超大货物时，倒车行驶或由向导引导。由向导引导时，确保能理解手、旗、哨子或其他信号的意思。

（2）搬运长件，如木料、管子等及外形超大货物或操作带有伸长属具的车辆，转弯或在狭窄的通道上行驶时必须密切注意前端及行人。

12. 注意出口

在拥挤的场所作业时，注意观察岔道、绳索或悬挂物。

13. 拐角慢行

通过十字路口及视野不良的路段时，要减速并按喇叭，转弯时要减速。

14. 检查作业区域

（1）检查将要行驶的路面，检查洞口、陡坡、障碍物、突起物以及任何可能引起失控、颠簸等的情况。

（2）清除垃圾、碎片，捡起任何可能刺破轮胎或使货物失去平衡的异物。

（3）在湿滑路面上慢速行驶，不要在道路边缘行驶，不可避免时加倍小心。

15. 注意它物

（1）倒车和转向时要特别小心，不要让叉尖碰到任何物品。

（2）带有属具的叉车装载长物时需要大的转弯半径。

（3）确保货物捆好并对称地放在两货叉上，在恶劣的路况下行驶时需更加小心。

16. 远离易燃物品及电源线

（1）叉车运行时要远离液化罐、木材、纸或化学物品。因消声气排出的废气有引起燃烧或爆炸的危险。

（2）不要让叉车任何部位触及顶部高压线。

17. 夜间慢速行驶

（1）操作者在远距离行驶或在不平的路面上行驶时，容易引起失误，应以一个能使叉车安全制动的速度行驶。

（2）打开前大灯，所需的工作灯和示宽灯。

18. 降低货物搬运

不论空载或满载,货叉升高行驶都是危险的,保持标准运行状态(货叉离地 15~30 cm)行驶。

19. 负载时后倾

(1)负载运行时,门架后倾并尽量降低货物高度。如用钢质托盘类似物;更应确保门架后倾以防滑落。

(2)带有铲斗、铰接叉、倾翻叉或抱夹的叉车,装载时属具控制应处于"UP"位置。

20. 标牌

(1)车上的标牌有警告和操作方法,操作时注意阅读并遵照叉车驾驶及车上的标牌要求执行。

(2)更换损坏或遗失的标牌。

21. 定期进行检查

(1)定期检查油、水泄露、变形、松动情况。如果疏忽,可能会缩短机件的寿命,在恶劣情况下将会导致事故发生。

(2)擦去底板、脚踏板及操作手柄上的油、脂或水。

(3)检查发动机及有关部件时,要关掉发动机,尤其注意风扇。

(4)检查水箱或消声气时,注意不要被烫伤。

22. 不要忽视任何故障

(1)任何时候发现车辆工作不正常,都应停车并报告管理人员。

(2)如果有报警灯亮,将车开到一个安全的地方,检查并排除故障。

23. 避免火灾

(1)不要使用明火检查燃油油位或燃油、电解液、冷却液的泄露。

(2)检查蓄电池,加注燃油或检查燃油系统时,不要抽烟,有爆炸的危险。

(3)决不能在发动机运转时向油箱加油。

24. 严禁载客

不允许其他人坐在货叉、托盘或叉车上。

25. 驶过船板或桥板

驶过船板或桥板前,确保其正确固定并有足够的强度来承受叉车的重量。预先检查工作场所的地面状况。

26. 避免急制动

避免急制动或快速下坡,以免货物落下或翻车的危险。

27. 停车然后倒车

叉车完全停下后方可倒车行驶。

28. 下坡要小心

下坡行驶时,使用发动机制动,不要操作方向和速度控制手柄,若叉车超出速度范围,使用制动踏板。

29. 倒车下坡前进上坡

(1)操纵负载叉车时,倒车下坡。爬坡时用前进挡,下坡时用后退挡。

(2)不要在坡道上转弯,叉车有倾翻的危险。

30. 了解叉车负荷

(1)了解叉车和属具的负荷曲线,禁止超载。

(2)禁止用人作为附加平衡重,那是十分危险的。

31. 了解所载货物

(1)根据所载货物的形状和材料,选择适当的属具和工具。

(2)不要用绳索挂在货叉或属具上起吊货物,因为绳索可能会滑脱。如有必要,让有吊装操作资格的人用吊钩或起重臂实施。

(3)注意尽可能不要让货叉伸出货物,伸出的货叉尖有可能受到损坏或倾翻周围货物。

32. 必要时带防护镜

在很脏的环境下作业时灰尘或沙粒会吹入操作者眼中,必要时操作人员应带上防护镜。

33. 使用适当的属具

可提供各种属具,如调距叉、铲斗、旋转夹、平抱夹以及链接倾翻叉,以提高各种特殊作业的工作效率。

34. 不要作"追逐"游戏

开车时不要作"追逐"游戏,操作应平稳,不要急转方向盘,避免急停、急开或急转弯。

35. 禁止起升不稳货物

(1)确保货物捆扎牢固并对称地放在两货叉上,禁止用单叉起升货物。

(2)带有属具如平抱夹的叉车,确保货物捆扎牢固。抱夹货物后,将多路阀操作手柄拉到位(使油压升到溢流压力)。

(3)操作带有侧移器或装载长货物属具,如伸长属具、夹木装置、铰接叉或平抱夹的叉车,特别要注意载荷距(载荷中心尽量靠近叉车中心)。

36. 使用适当的托盘

托盘和垫木要有足够的强度来承受货物重量,禁止使用已损坏或变形的托盘。

37. 禁止在头顶上方起升货物

禁止在起升的货叉及其他属具下站立或行走,必要时可用安全的支承或木块顶住,以防货叉或属具落下。

38. 平衡装载

(1)禁止叉车在装载货物时高速行驶,货叉起升前应确保货物固定可靠。

(2)起升货物前略作停顿,确定无障碍物后再起升。

39. 正面装载货物

从堆垛中取货时,正面进入该区域,并将货叉小心地插入托盘。

40. 货物处于高位时不要倾斜门架

(1)堆垛和卸货时,用最小的前倾角和后倾角。货物略高于堆垛层或处于低位时方可前倾。

(2)在高处堆垛时,在离地 15～20 cm 时让门架垂直,然后提升。注意货物升高时,不要让门架倾斜。

(3)在高处取货物时,货叉插入托盘,起升离至开货架台面后向后退,然后下降,降低后门架后倾。货物处于高处时,决不要倾斜门架。

41.货叉上的货物不能堆得太高

货物堆高不要超过挡货架。不可避免时,应将货物捆扎牢固。当运载大体积的货物有碍视线时,倒车行驶或由向导引导。

42.避免坡道作业

叉车在倾斜地面不要起升货物,避免在坡道上装卸货物。

43.牵引车辆

(1)不要牵引发动机有故障、转向系统不正常或制动系统损坏的车辆。

(2)在公路上牵引车辆时要遵守交通规则。

44.货叉架和货叉

货叉架的中间缺口不能挂货叉。

45.工作中的安全防护

工作中根据环境应穿戴工作服及其他人身安全防护装置,如安全靴、防静电服等。为了安全不要戴领带或饰物。

46.正确停车

(1)把车停在平地上,合上停车制动踏板。若不得已停在坡道上,一定要用楔块垫住车轮。

(2)货叉降至地面并稍前倾,关闭发动机取下钥匙。

47.叉车存放

(1)把叉车停在指定的地方,用楔块垫住车轮。

(2)把换挡手柄打在空挡位置,合上停车制动器。

(3)钥匙开关处在"OFF"位置关掉发动机,操作多路阀操纵杆数次,释放油缸或管路中的剩余压力。

(4)取下钥匙放在安全处保管。

4.5.4 叉车的解体、清洗及检验

1.叉车的解体

叉车在解体前,应先清洗外部。然后放出冷却水和所有部分(油箱、变速器、主减速器等)的润滑油。在解体时应遵守操作规程和合理顺序,并保持作业场地的清洁整齐。

在解体拆卸时,常会造成零件的损伤,有时甚至达到无法修复的程度,因此不能掉以轻心、粗心大意;必须充分认识解体工作的好坏直接影响到叉车的修理质量和修理时间;还应充分考虑到拆卸后的修理和再装配。

在拆卸时要注意以下几点。

(1)应按分解顺序进行,先外后内,先附件后主体。可先分几个总成进行分解,如发动机、液压系统、门架提升倾斜系统、离合器、变速器等。

(2)应正确使用工具,不要用钳子、扳手和螺钉旋具代替锤子和冲子用。

拆卸静配合的销、轴、衬套时,应用冲子头或铜棒,不可直接敲打。拆卸齿轮、带轮时,应用拉器,如无此工具可用软金属冲,对称地冲击非工作面。

拆卸带有调整垫片的机件时(转向机构调整垫片、主减速器调整垫片、差速器调整垫片等),勿使垫片损坏。如遇有机件锈蚀不易拆卸时,可用汽油、机油浸润后,再进行分解。

螺母生锈不能拆出时,除用油浸和加热外,还可先将螺母旋进 $1/4r$ 左右,再旋出,还可用锤子轻击螺母四周后,再旋出。螺栓断在螺孔内时,可在断螺栓上钻一个小于螺栓直径的孔,而后攻出反扣螺纹旋出。

(3)拆下的螺母、螺栓在不影响修理时,可装回原位,以免错乱或丢失,或者分别放置,以利装配复位。

(4)为了零件清洗方便,在解体时应将按不同方法清洗的零件(如钢铁件、铝质件、橡胶件、皮质件等)分别放置。

2.零件的清洗

在叉车解体、拆散成零件后,都必须加以清洗才能进行检验、分类和修理。解体后的零件应除油去垢、清洗干净和烘干。可用强蒸汽气流或热水进行清洗,除垢和清洗可同时进行。

(1)金属零件的清洗。

1)冷洗法:用煤油、柴油或汽油清洗,这种清洗方法所需设备简单、操作简便迅速、清洗后用压缩空气吹干。但此法成本较高,而且易引起火灾。

2)热洗法:用碱溶液清洗,配方见表 4-12,将溶液加热至 $70\sim90\,℃$ 时,将零件浸煮 $10\sim15$ min 后取出,用清水将碱溶液冲洗干净,然后用压缩空气吹干。

为了防止铝合金零件被腐蚀,不能用含有大量苛性钠的溶液清洗。

(2)非金属零件的清洗。橡胶类零件的清洗,如制动皮碗、皮圈、液压系统密封圈等,应用酒精、松节油或制动液清洗。不得用煤油、汽油或碱溶液清洗,以防发胀变质。

离合器摩擦片和制动毂摩擦片不能用碱溶液煮洗,应用少许汽油刷洗干净。皮质零件(如油封的皮圈等)一般用干布擦净即可。

(3)清除零件上的积炭。积炭是燃油及润滑油燃烧不完全和高温氧化、分解、聚合所形成的一种黑色固体状含氧、氢、碳的化合物。它是在高温高压情况下逐渐形成的,并牢固地附着在内燃机活塞、气缸套、气缸盖等零件表面上,质地极为坚硬。在修理时必须清除积炭,或为了保证叉车能正常运行,也必须定期清除机件上的积炭。

表 4-12 清洗零件油污的溶液配方

零件材料	配 方	苛性钠 g	碳酸钠 g	磷酸三钠 g	肥皂 g	硅酸钠 g	重铬酸钾/g	液态肥皂/g	水/L
钢铁零件	配方一	100						2	1
	配方二	7.5	50	10	1.5				1
	配方三	25		50		30			1
铝质零件	配方一		10				0.5		1
	配方二		4			1.5			1
	配方三					1.5		2	1

1)用刮刀、铲刀(或用竹片)、金属刷等刮除。这种用手工清除积炭方法效率低,且难以清除 F 干净,若有不慎还会损伤零件。

2)用化学方法清除积炭。清除积炭溶液配方见表 4 - 13。

表 4 - 13   清除内燃机零件积碳溶液配方

零件材料	苛性钠/g	碳酸钠/g	硅酸钠/g	肥皂/g	水/L	清洗温度/℃
钢铁零件	25	33	1.5	8.5	1	60～70
铝质零件	—	20.5	10.5	12	1	70～85

如果没有加热设备,可用 80～90℃ 的热水按比例配制。然后将零件积炭处浸泡在溶液中 2～3 h,待积炭疏松软化后,如果提起零件在溶液中稍加摇动,大部分积炭便可自动脱落,剩余少量残炭用毛刷、抹布擦拭即可清除干净。然后用清水冲洗,用压缩空气吹干或凉干。

3.常用零件的检验方法

零件清洗后,要进行检验,其目的是把零件分为可用、可修、报废三类,以保证修理质量。检验零件常用以下方法。

(1)目视法。目视法是凭肉眼找出零件表面的缺陷,如表面毛糙、刮痕、沟槽、裂纹、脱皮、麻点、折断等损伤,以及零件的重大变形、弯曲、表面退火或烧蚀等,都可通过肉眼观察或借助于放大镜检验。

(2)敲击法。零件是否有明显的裂纹,铆钉连接是否松动等,可用小锤子轻轻地敲击,听其声音来判断零件的好坏。

(3)比较法。比较法是用新标准零件与被检验零件比较鉴别被检验零件的技术状况,来确定零件是否可用。

(4)测量法。因零件磨损或变形而引起尺寸和几何形状变化,或因长期使用引起技术性能的降低,应通过量具和仪器测量其技术数据,以确定零件的损伤程度。

(5)浸油锤击法。浸油锤击法是把待查零件浸入煤油或柴油片刻,取出后,将零件表面擦干净,撒上一层白粉,然后用小锤子轻轻地敲击零件的非工作面。零件有裂纹时,由于振动,进入零件裂纹内的油渍溅出,会使裂纹处的白粉呈黄色线痕。

(6)水压试验壳体零件的技术状态用水压试验来检查。发动机缸体和缸盖要用水压试验检查。试验时,所有的外部孔洞均用塞子或螺栓堵住,内部注满水。缸体或缸盖在 0.29～0.39 MPa 的水压作用下试验 5 min,如果缸体或缸盖外部出现泄漏或滴水,就表明连接处不严密或者有裂纹。

(7)磁粉检测零件。在磁粉检测前用细砂纸把检测表面磨光,以便在上面涂磁性调油铁粉(调油铁粉是用变压器油或煤油稀释过的柴油与氧化铁粉末调成的,在 1 L 油中加入 30～40 g 氧化铁粉末)。零件放在线圈磁极中,在无损检测器的磁场作用下将零件磁化,然后在零件上涂上调油铁粉,在裂纹处形成一条很细的铁粉线。检查完毕,把零件从磁场中拿开,慢慢退磁。

(8)超声检测超声波检测是利用超声波在金属中传播时,遇有裂纹、气孔摆会反射回来的现象而测出零件缺陷的检测方法。用超声波检验零件有声影法和脉洲回声法两种。

4.5.5 叉车磨损件的修换方法

在修换前检查时,对磨损零件作出修复或更换的决定,是一项很重要、很细致的工作。不该修换的零件进行了修换会造成浪费;该修换的零件不修换,会影响叉车的使用性能,不能保证修理质量。如果有较完善的监测手段或已经掌握了经过筛选整理的大量数据,就能比较准确地判断零件可否继续使用,是否应该采取更换或者修复的补偿措施。因此,为各种零件确定一个磨损极限标准作为判断是否应该修换的依据,便是一项十分重要的事情。不过决定零件是否应该修换,不能单以零件的尺寸精度、表面粗糙度或形位误差为依据,还必须考虑零件的磨损程度对叉车整体性能的影响。

(1)一般零件其磨损程度虽已超过公差,但未超过次一级配合公差的,可以继续使用。

(2)对完成预定使用功能的影响。零件因磨损而不能完成预定使用功能,如离合器丧失传递动力的作用,液压件达不到预定的压力,凸轮配气系统不能保持预定的运动规律,出现以上情况时,就必须更换或修复。

(3)对性能和操作机构的影响。有些零件在磨损之后,虽然还能完成使用功能,但降低了性能,如传动齿轮发生磨损后仍能传递预定的转矩和速度,但是因间隙过大、噪声增高、效率降低,使传递的平稳性遭到破坏,就必须根据磨损程度来决定修复或更换。

(4)对效率的影响。当零件磨损时,会导致效率的降低。如气缸等零件发生磨损,会影响发动机的效率,应根据磨损的具体情况来决定是否对某些零件修换。

(5)零件修复方法的经济性。在保证修理质量的前提下,修理费用与修后使用寿命的比值,要低于换后新零件的制造(或外购)费用与换后新零件使用寿命的比值,即

$$\frac{S_{修}}{T_{修}} < \frac{S_{新}}{T_{新}} \qquad (4-17)$$

式中

$S_{修}$——复零件所需的全部费用;

$S_{新}$——更换新件的制造(或外购)费用;

$T_{修}$——修复的零件的使用寿命;

$T_{新}$——新零件的使用寿命。

6)根据在修理中,以是否具有修复磨损零件的工艺技术能力和条件来决定修复或更换。

4.5.6　叉车轮胎的储运和更换方法

1.轮胎储运的注意事项

(1)轮胎应存放在仓库内,库内要保持干燥、通风,避免被暴晒。

(2)轮胎应远离热源,发电设备和生产臭氧的地点。不得与油类、易燃物及化学腐蚀品混放。

(3)外胎或成套轮胎应立放,严禁平放、堆叠货穿心悬挂。大型轮胎只准单层立放,中、小型轮胎允许双层立放。每两个月转动一次。

(4)内胎如需单独存放,应充以适量空气。挂在半圆形木架上时,应定期转动支点,不得折叠平放或堆叠。

(5)轮胎存放应有库存卡片,记载轮胎类型、规格、层级、厂牌、生产和入库时间,并按生产和入库时间分批存放,先进先出,顺序使用。

（6）装运轮胎时，不得与油类、易燃物、化学腐蚀品等混装，并用蓬布遮盖，避免阳光照射或雨淋。长途运输必须竖立放置。内胎不得单独包装时，需要在外胎内，并适量充气。

（7）无内胎轮胎搬运时的注意事项。

1）包装状态的轮胎，搬运时不可拆胎圈保护带鹤钢带。

2）卸下的轮胎在存放和运输过程中，应保持垂直位置，不得水平存放。

3）不可用绳索、吊钩或吊叉直接把轮胎吊提，应使用宽幅纤维带。

4）使用叉车搬运轮胎时不得用货叉插入胎圈中心孔提升，应用货叉从轮胎侧面抬起。

2. 叉车轮胎的更换方法

（1）将叉车停放在平坦、硬实的路面上，关闭发动机，使叉车处于空载状态。

（2）叉子下降到地面，用驻车制动装置止住车轮，如更换驱动轮胎，将千斤顶支承在车架前部侧面位置，如更换转向轮胎，将千斤顶支承在后桥后部托架中央。

（3）用千斤顶稍稍顶起叉车。使轮胎仍和地面接触；先旋开固定充气管的螺栓，取下夹子，然后松开轮毂螺母。

（4）用千斤顶将叉车完全支起，旋下轮毂螺母，将轮胎拆下。

（5）安装顺序与拆卸顺序相反。安装轮毂螺母时，紧固力矩必须达到规定值。

注意：安装完后要检查轮胎的充气是否达到规定值，短距离运行一段后，再进行检查，看各部分螺栓是否松动。

4.6 叉车的维护保养及故障分析

4.6.1 叉车的日常保养和维护

要使叉车工作正常可靠，发挥叉车潜在能力，需经常维护。技术维护保养措施，一般要有以下 3 点：①日常维护：每班工作后；②一级技术保养：累计工作 100 h 后，一班工作制相当于 2 周；③二级技术保养：累计工作 500 h 后，一班工作制相当于一个季度。

1. 日常维护

（1）清洗叉车上的污垢、泥土和垢埃，重点部位是货叉架及门架滑道、发电机及起动器、蓄电池电极叉柱、散热器、空气滤清器。

（2）检查各部位的紧固情况，重点部位是货叉架支承、起重链拉紧螺钉、车轮螺钉、车轮固定销、制动器和转向器螺钉。

（3）检查行车制动器、转向器的可靠性、灵活性。

（4）检查渗漏情况，重点部位是各管接头、柴油箱、机油箱、制动泵、升降油缸、倾斜油缸、散热器、水泵、发动机油底壳、变矩器、变速器、驱动桥、主减速器、液压转向器和转向油缸。

（5）放去机油滤清器沉淀物。

2. 一级技术保养

按照"日常维护"项目进行，并增添下列工作内容。

（1）检查气缸压力或真空度。

(2)检查与调整气门间隙。

(3)检查节温器工作是否正常。

(4)检查多路换向阀、升降油缸、倾斜油缸、转向油缸及齿轮泵工作是否正常。

(5)检查变速器的换挡工作是否正常。

(6)检查与调整驻车、行车制动器的制动片与制动鼓的间隙。

(7)更换油底壳内润滑油,检查曲轴箱通风接管是否完好,清洗机油滤清器和柴油滤清器滤芯。

(8)检查发电机及起动电动机是否牢固,与接线头是否清洁牢固,检查电刷和整流子有无磨损。

(9)检查风扇传动带松紧程度。

(10)检查车轮安装是否牢固,轮胎气压是否符合要求,并清除胎面嵌入的杂物。

(11)由于进行保养工作而拆散零部件,当重新装配后要进行叉车路试。

1)不同程度下的制动性能,应无跑偏,蛇行。在陡坡上,驻车制动拉紧后,能可靠停车。

2)倾听发动机在加速、减速、重载或空载等情况下运转,有无不正常声响。

3)路试一段里程后,应检查制动器、变速器、前桥壳、齿轮泵处有无过热。

4)货叉架升降速度是否正常,有无颤抖。

(12)检查柴油箱油进口过滤网有否堵塞破损,并清洗或更换滤网。

3.二级技术保养

除按一级技术保养各项目外,并增添下列工作内容。

(1)清洗各油箱、过滤网及管路,并检查有无腐蚀、撞裂情况,清洗后不得用带有纤维的纱头、布料抹擦。

(2)清洗变矩器、变速器,检查零件磨损情况,更换新油。

(3)检查传动轴轴承、视需要调换万向节十字轴方向。

(4)检查驱动桥各部紧固情况及有无漏油现象,疏通气孔。拆检主减速器、差速器、轮边减速器、调整轴承轴向间隙、添加或更换润滑油。

(5)拆检、调整和润滑前后轮毂,进行车轴换位。

(6)清洗制动器、调整制动鼓和制动蹄摩擦片间的间隙。

(7)清洗转向器,检查转向盘的自由转动量。

(8)拆卸及清洗齿轮油泵,注意检查齿轮、壳体及轴承的磨损情况。

(9)拆卸多路阀,检查阀杆与阀体的间隙,如无必要时勿拆开安全阀。

(10)检查转向节有无损伤和裂纹,转向桥主销与转向节的配合情况,拆检纵横拉杆和转向臂各接头的磨损情况。

(11)拆卸轮胎,对轮辋除锈刷漆,检查内外胎和垫带,换位并按规定充气。

(12)检查驻车制动机件的连接紧固情况,调整驻车制动杆和行车制动踏板工作行程。

(13)检查蓄电池电液比重,如与要求不符,必须拆下充电。

(14)清洗散热器及油散热器。

(15)检查货架、车架有无变形、拆洗滚轮、各附件固定是否可靠,必要时补添焊牢。

(16)拆检起升油缸,倾斜油缸及转向油缸,更换磨损的密封件。

(17)检查各仪表感应器,熔丝及各种开关,必要时进行调整。

4.全车润滑

新叉车或长期停止工作后的叉车,在开始使用的两星期内,对于应进行润滑的轴承,在加油润滑时,应利用新油将陈油全部挤出,并润滑两次以上,同时应注意下列事项。

(1)润滑前应清除油盖、油塞和油嘴上面的污垢,以免污垢落入机构内部。

(2)用油脂枪压注润滑剂时,应压注到各部件的零件结合处挤出润滑剂为止。

(3)在夏季或冬季应更换季节性润滑剂(机油等)。

5.叉车的存放

(1)存放前叉车存放之前,按下列程序进行检查。

1)按照需要,用布和水清除附着在车体上的油和油脂。

2)清洗车体时检查车辆的全面情况,特别要检查车体有无凹陷或损坏,轮胎是否被穿破,花纹内是否牵有铁钉或石块。

3)用指定的燃油加满油箱。

4)检查液压油、发动机油、燃油和冷却液是否泄露。

5)根据需要加注润滑脂。

6)检查轮毂螺母、油缸活塞杆的接合面是否松动,活塞杆表面是否有碰伤和拉痕。

7)检查门架滚轮转动是否平稳。

8)将起升油缸升到顶,让油充满油缸。

9)在冬季或寒冷季节,长效防冻液不需放掉,若是冷却水则需放尽。

如果发现叉车某零部件失效或有不安全因素,应把情况向管理人员报告,停止使用叉车直至恢复到安全状态。

(2)长期存放在"旧常存放"保养的基础上做下列保养和检查。

1)考虑到雨季,将车辆停在较高和硬的地面上。

2)从叉车上卸下蓄电池。即使叉车停放在室内,若地方潮湿,蓄电池也应放在干燥、阴凉的地方,每月充电一次。

3)对暴露的部件如油缸活塞杆和可能生锈的轴涂防锈油。

4)通气塞、空气滤清器等零件为防止受潮应加以覆盖。

5)车辆至少每周发动一次。如果冷却水放掉了,加注冷却水,并装上蓄电池,除去活塞杆和轴上油脂,起动发动机并充分预热,让车辆慢速前后运行,操作液压控制数次。

6)夏季避免将叉车停在诸如沥青一样松软的路面上。

(3)长期存放后叉车的运行。

1)除去暴露部件的防锈油。

2)排出发动机曲轴箱的润滑油,排出差速器、液力变速器内的齿轮油或液力传动油,将内部清理干净后加注新油。

3)清除液压油箱、燃油箱中的异物和水。

4)卸下发动机气缸盖、阀门、摇臂轴,检查每个阀门间隙是否正常。

5)添加冷却液至规定液面。

6)蓄电池充电,装上叉车并接上蓄电池引线。

7)仔细进行起动前检查。

8)预热叉车。

4.6.2　叉车的定期保养、定期检查与维修

要使叉车能正常顺利地工作和行驶,必须要对叉车进行定期检查和维修,检查周期的规定时数如下。

1)每天(用前检查)——每 8 h。

2)每周——每 40 h。

3)每 6 周——每 250 h。

4)每 3 个月——每 500 h。

5)每 6 个月——每 1 000 h。

6)每年——每 2 000 h。

如果在 6 周的工作时间超过 250 h,请用时数作为进行保养的大致标准。交付使用前的检查和每周的检查应由操作者自行负责。而 6 周、3 个月、6 个月和每年的检查因为需要专业技术和专用工具,所以需要专业维修人员进行。

参照定期保养表来决定检查和维修的项目以及检查周期。

只能使用纯正开普叉车零件进行更换,并使用所推荐的润滑油类。

(1)检查方法。

根据需要进行检查、校正和更换 T 扭紧 C 清洁 L 润滑 M 根据需要进行测量、校正和调整,分别见表 4-14~表 4-21。

表 4-14　发动机

| 检查项目 | 序　号 | 检查内容 | 每 6 周 | 每 3 个月 | 每 6 个月 | 每 12 个月 |
			250 h	500 h	1 000 h	2 000 h
基本零部件	1	起动状态和异常噪声	I	←	←	←
	2	急速时的转动状态	M	←	←	←
	3	加速时的转动状态	M	←	←	←
	4	排气状态	I	←	←	←
	5	空气滤清器部件	C	←	←	←
	6	气门间隙	M*			M
	7	压缩				M
	8	汽缸盖螺栓				T
	9	消声器橡胶支座				I
曲轴通风装置	10	通风量控制阀及管道堵塞和损坏	I	←	←	←

续表

检查项目	序　号	检查内容	每 6 周	每 3 个月	每 6 个月	每 12 个月
			250 h	500 h	1 000 h	2 000 h
调速器	11	最大无负荷稳定转速	M	←	←	←
润滑系统	12	润滑油泄露	I	←	←	←
	13	润滑油油位	I	←	←	←
	14	润滑油滤清器的堵塞和淤塞	I	←	←	←
燃油系统	15	燃油泄漏	I	←	←	←
	16	燃油滤清器的淤塞和损坏	I	←	←	←
	17	喷油时间点			M	←
	18	喷嘴喷射压力和状态				M
	19	沉淀杯的排放			I	←
冷却系统	20	散热器冷却水的水位和泄露	I	←	←	←
	21	橡胶软管的裂化	I	←	←	←
	22	散热器的状态	I	←	←	←
	23	风扇传动带的张力和损坏	I	←	←	←
	24	散热器橡胶支座				I

表 4 - 15 动力传动系统

检查项目	序　号	检查内容	每 6 周	每 3 个月	每 6 个月	每 12 个月
			250 h	500 h	1 000 h	2 000 h
差速器	1	润滑油泄露	I	←	←	←
	2	润滑油位	I	←	←	←
	3	螺栓的松动				T
液力变矩器和变速器	4	润滑油泄露	I	←	←	←
	5	润滑油位	I	←	←	←
	6	操纵机构的功能和松动	I	←	←	←
	7	控制阀和离合器的功能	I	←	←	←
	8	微调阀的功能	I	←	←	←
	9	失速试验和机油压力的测定			M	←
传动轴	10	安装螺栓的松动		I	←	←
	11	驱动轴的松动				I
	12	驱动轴的扭曲和开裂				I

表 4-16 制动系统

检查项目	序 号	检查内容	每 6 周	每 3 个月	每 6 个月	每 12 个月
			250 h	500 h	1 000 h	2 000 h
制动踏板	1	自由行程、与底板间的间隙	M	←	←	←
	2	制动效果	I	←	←	←
停车制动器	3	操作力	I	←	←	←
	4	踏板的复位状况	I	←	←	←
	5	制动效果	I	←	←	←
	6	连杆和缆索的松动及损坏	I			
制动管道和软管	7	泄露、损坏和装配状态	I			
制动液	8	液位	I	←	←	←
制动总泵及分泵	9	功能、磨损、损坏和装配松动				I
制动鼓和制动蹄片	10	制动鼓和摩擦片的间隙	M	←	←	←
	11	制动蹄的滑动部分和摩擦衬片的磨损				I
	12	制动鼓的磨损和损坏				I
	13	制动蹄的工作状态				I
	14	蹄片支销的锈蚀				I
	15	回位弹簧的磨损、失效				M
	16	自动调整功能的工作状况				I

表 4-17 转向系统

检查项目	序 号	检查内容	每 6 周	每 3 个月	每 6 个月	每 12 个月
			250 h	500 h	1 000 h	2 000 h
转向盘	1	自由行程和松动	I	←	←	←
	2	工作状态	I	←	←	←
液压转向器	3	机油泄露	I	←	←	←
	4	安装松动	T			
助力转向机构	5	液压缸油泄露	I	←	←	←
	6	液压缸安装和连杆的松动	I			
	7	液压缸油管的损坏				I
转向节	8	转向节主销的松动	I	←	←	←
	9	破裂和变形				I

表 4-18　液压系统

检查项目	序　号	检查内容	每 6 周 250 h	每 3 个月 500 h	每 6 个月 1 000 h	每 12 个月 2 000 h
液压缸	1	液压缸装配松动或损坏	T	←	←	←
	2	活塞杆、活塞杆螺钉及活塞杆端部的变形的损坏	I			
	3	液压缸的工作状态	I	←	←	←
	4	自然下落和自然前倾	M			
	5	润滑油泄露和损坏	I			
	6	插销和液压缸支承支架孔的磨损和损坏	I			←
	7	起升速度	M	←	←	←
	8	动作的不平衡性	I	←	←	←
液压泵	9	液压油泄露和异常噪声	I	←	←	←
液压油箱	10	油位和杂质	I			
	11	油箱和机油滤网			C	
	12	机油泄露	I	←	←	←
操纵杆	13	连杆的松动	I	←	←	←
	14	工作状态	I	←	·	←
	15	机油泄露	I	←	←	←
控油阀	16	减压测量				M
	17	减压阀和倾斜锁定阀的功能	I	←	←	←
液压管道	18	油泄露	I	←	←	←
	19	变形和损坏	I	←	←	←
	20	接头的松动	T	←	←	←

表 4-19　电气系统

检查项目	序　号	检查内容	每 6 周 250 h	每 3 个月 500 h	每 6 个月 1 000 h	每 12 个月 2 000 h
起动机	1	小齿轮的啮合	I	←	←	←
充电器	2	充电效果	I	←	←	←
蓄电池	3	蓄电池电解液的液位	I	←	←	←
	4	密度			M	
电器线路	5	线束的损坏	I	←	←	←
	6	熔丝	I	←	←	←

续表

检查项目	序　号	检查内容	每 6 周 250 h	每 3 个月 500 h	每 6 个月 1 000 h	每 12 个月 2 000 h
预热器	7	预热塞电阻线圈的断裂			I	←
	8	进气加热器内的开路			I	←
发动机的停止	9	柴油发动机钥匙停止装置的功能	I	←	←	←

表 4 - 20　**安全装置**

检查项目	序　号	检查内容	每 6 周 250 h	每 3 个月 500 h	每 6 个月 1 000 h	每 12 个月 2 000 h
头部保护装置	1	焊接部分的开裂	I	←	←	←
	2	变形和损坏	I	←	←	←
靠背	3	装配松动	I	←	←	←
	4	变形、破裂和损坏	I	←	←	←
照明系统	5	工作情况和装配状态	I	←	←	←
喇叭	6	工作情况和装配状态	I	←	←	←
方向指示器	7	工作情况和装配状态	I	←	←	←
仪表	8	工作情况	I	←	←	←
倒车蜂鸣器	9	工作情况和装配状态	I	←	←	←
座位	10	装配松动和损坏	I	←	←	←
	11	座位安全带扣的损坏和操作	I	←	←	←
车身	12	车架横梁等的损坏和开裂				I
	13	螺栓的松动				T
后视镜	14	污垢和损坏	I	←	←	←
	15	后部映现的情况	I	←	←	←
其他	16	润滑油	L			

注:以上检查期限按累计时数或月数为基准,以先到者为准。在繁重的操作环境下,则需每隔 170 h 或一个月进行点检。

表 4 - 21　**定期更换表**

序　号	更换内容	每 6 周 250 h	每 3 个月 500 h	每 6 个月 1 000 h	每 12 个月 2 000 h	每 24 个月
1	润滑油	●	←	←	←	←
2	润滑油滤清器	●*	←	←	←	←
3	冷却水(LLC 除外,LLC 每 2 年换一次)		●	←	←	←
4	空气滤清器部件				●	←
5	燃油滤清器			●	←	←

续表

序号	更换内容	每6周	每3个月	每6个月	每12个月	每24个月
		250 h	500 h	1 000 h	2 000 h	
6	液力变矩器油			●	←	←
7	液力变矩器油过滤器			●	←	←
8	差速器齿轮油				●	←
9	液压油			●	←	←
10	液压油过滤器	●*		●	←	←
11	车轮轮毂轴承润滑脂				●	←
12	制动总泵,分泵盖和密封				●	←
13	制动液			●	←	←
14	动力转向软管					●
15	动力转向橡胶零件					●
16	液压软管					●
17	燃油软管					●
18	液力变矩器橡胶软管					●
19	链条					●

注:在繁重的操作环境下,则需每隔170 h或一个月进行点检。 * 对于新车。

思考题

1.简述叉车现代叉车的发展趋势。

2.简述叉车的功能及分类。

3.简述叉车的组成及功能。

4.简述叉车的整体布置及要求。

5.简述叉车工作装置的组成及工作原理。

6.叉车安全操作的意义有哪些?

7.叉车常用零件的检验方法有哪些?

8.叉车的日常维护有哪些?

参考文献

[1] 张积洪.民航特种车辆操作工[M].北京:中国民航出版社,2005.

[2] 李霞,张志显,张三川,等.机场集装箱/板升降平台车桥平台的设计与研究[J].郑州大学学报,2014,35(1):124-128.

[3] 解本铭,郭海乐.叉剪式液压平台车结构模态有限元分析[J].中国民航大学学报,2007,25(2):25-27.

[4] 金玉茹.国外机场地面设备的发展[J].移动电源与车辆,1994(3):17-25.

[5] 王苏光,王凤喜.叉车结构原理与维修[M].北京:机械工业出版社,2011.

[6] 肖永清.叉车技术的发展趋势[J].港口装卸,2007(2):11-15.

[7] 陈金潮.叉车技术与应用[M].南京:东南大学出版社,2008.